硅谷工程师爸爸的超强思维导图课

——塑造儿童学习型大脑

小杨老师
憨爸
著

中国妇女出版社

图书在版编目（CIP）数据

硅谷工程师爸爸的超强思维导图课：塑造儿童学习型大脑 / 小杨老师，憨爸著. -- 北京：中国妇女出版社，2019.4（2020.4重印）
ISBN 978-7-5127-1688-9

Ⅰ.①硅… Ⅱ.①小…②憨… Ⅲ.①儿童－思维训练②儿童－家庭教育 Ⅳ.①B80②G78

中国版本图书馆CIP数据核字（2019）第034858号

硅谷工程师爸爸的超强思维导图课——塑造儿童学习型大脑

作　　者： 小杨老师　憨爸 著
责任编辑： 肖玲玲
封面设计： 周周设计局
责任印制： 王卫东
出版发行： 中国妇女出版社
地　　址： 北京市东城区史家胡同甲24号　　邮政编码：100010
电　　话：（010）65133160（发行部）　　65133161（邮购）
网　　址： www.womenbooks.cn
法律顾问： 北京市道可特律师事务所
经　　销： 各地新华书店
印　　刷： 北京中科印刷有限公司
开　　本： 165×235　1/16
印　　张： 16.5
字　　数： 200千字
版　　次： 2019年4月第1版
印　　次： 2020年4月第5次
书　　号： ISBN 978-7-5127-1688-9
定　　价： 59.80元

推荐序

有人说，未来社会的竞争是大脑的竞争，拥有“最强大脑”才能应对挑战，与未知的明天全面对接。因此，如何提升孩子的学习能力和学习效能，如何对孩子进行全脑开发，成为当今一个热门话题。

思维导图不是一个新的概念，但将思维导图用于启智训练和教学却方兴未艾。在通往目标的路上，科学的方法可以让我们事半功倍，思维导图提供的就是一种路径和方法，它不一定适合每一个孩子，但提供了一种可能和有益的尝试。

要想指导孩子学习并掌握思维导图这种方法，家长和老师一定要熟悉和了解。对于低龄孩子而言，在文字学习能力尚不突出的阶段，它可以帮助孩子分解任务、厘清关系，找到关键词或关键点，对于阅读很有帮助，对图像思维和图像记忆特点突出的孩子来说尤其如此。而对于高年级学生来说，由Mind Map这种记忆工具过渡到

Thinking Maps这种思维工具，是逻辑思维能力和思考方式的升级思维导图。思维图示方式如何应用，无论用在阅读还是词汇记忆、各科学习等哪一方面都不是最重要的，重要的在于孩子思考方式和思考能力的真正发展。“术”的方法逻辑始终都离不开“道”的底层逻辑。

这本书对思维导图的概念、方式方法、实际应用进行了详尽的阐释，其中不乏生动的案例，相信大家看后会有启发、有收获。

教育，始终是“钟与云”，是恒定的、规律的，也是与变幻的、新生的。作为家长和教育工作者，我们永远在探索的路上学习着、前行着。

央视少儿节目主持人

中国播音主持“金话筒”奖获得者

前言

用思维导图塑造孩子的学习型大脑

自从带孩子来美国上学后，我发现一个非常有意思的现象，那就是美国老师特别喜欢用各种各样的图来上课或者留课后作业。

比如他们上科学课的时候介绍一种叫作黄粉虫（mealworm）的昆虫，需要描述黄粉虫的各种特性，于是我家憨憨就做了下面这张图。

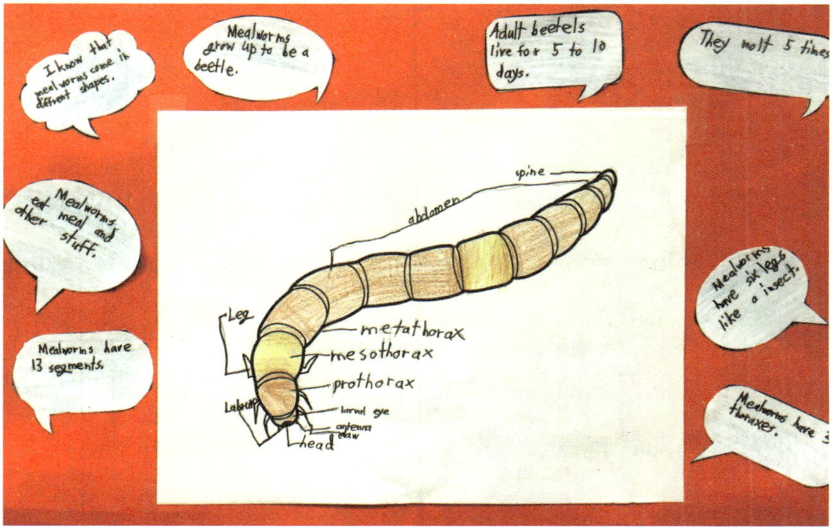

图的中间画了一只黄粉虫，四周有好多气泡状的圆圈，每个圆圈里都写着黄粉虫的一种特性，比如：

- Mealworms eat meal and other stuff.（黄粉虫吃杂食。）
- Mealworms have 13 segments.（黄粉虫的身子有13段。）
- Mealworms grew up to be a beetle.（黄粉虫长大后会变成一只甲虫。）

通过这张图，孩子对黄粉虫的特性掌握得就特别清晰。首先从作者的角度来说，憨憨在搜罗黄粉虫资料的时候，就会有意识地将黄粉虫的各个特点提炼出来，并且归纳总结，再一一罗列，这样他的思路就很清楚。再从观众的角度来说，只要看一眼这张图，看看黄粉虫周围的各个气泡，那么黄粉虫的所有特性我们都会一目了然，记忆起来也能既快捷又牢固。

我们再看一个例子，依然是孩子班上用到的一幅图，只不过这幅图是用来背单词的。

下面这幅图是一张单词表，但不同于别的单词表，它将每个字母列出来，然后把这个字母对应的一些单词贴在下方。比如，字母P对应的就是plus、poor、path等，而字母S对应的是subtract、sum、stand等。

这张图和前面说的科学课用的图截然不同，这又是另外一种形式。不过这种形式有一个优点，就是方便分门别类地整理。孩子在记单词的时候，先将首字母列出来，然后把对应这个首字母的单词

罗列在下面，这样背诵单词就会非常方便。

后来我才知道，孩子学校里用的图不是随便画的，而是有一个标准的名称，叫作“Thinking Maps”，中文译为“思维导图”，它是表达发散性思维的一种特别有效的图形思维工具。思维导图将主题关键词与图像、颜色、文字等建立记忆链接，能够充分运用左右脑的机能，利用记忆、阅读、思维的规律，协助人们在科学与艺术、逻辑与想象之间平衡发展，从而开启人类大脑的无限潜能。

美国老师非常喜欢借用思维导图的方式给孩子上课，他们认为，使用这种方式学习的学生能锻炼出非常好的思维能力和写作能力，而且还能帮他们掌握受益终生的学习技巧和学习能力。因此，在美国幼儿园到小学的科学、写作、词汇、数学等课程中，思维导图都得到了大量的应用，而我平时在辅导憨憨功课的时候，也运用了很多思维导图的技巧。经过5年多的训练后，我发现憨憨的逻辑性特别强，考虑问题都很有条理，思维非常清晰，而且英语、数学和写作能力都得到了很大的提高，这就是长时间使用思维导图所带来的好处。

因此，我很想将思维导图也分享给国内的家长们。目前市面上大多数有关思维导图的书里有一个很大的问题，那就是讲了很多思维导图的概念，但是和孩子实际的学科学习脱节，这样造成的问题是，父母需要花时间去研究如何将思维导图的优势融入孩子的课程里。

为了解决这个问题，我特地请教了来自美国洛杉矶一所知名小学的老师——Ms. Yang（小杨老师，公号“智力圈美式学堂”创始人），小杨老师有丰富的教学经验，她将思维导图应用于孩子的写作、阅读、科学和数学中，还曾连续3年获得了学区颁发的“教育创新奖”。小杨老师擅长中英双语教学，她所在学校的双语教学项目曾获得全加州最杰出小学的奖项。

因此，我请小杨老师和我一起写作这本关于思维导图的书。她负责写作、词汇和科学等章节，而我负责数学的章节，我们会将孩子在学习过程中遇到的问题，用思维导图的方式描述出来，并帮助家长和孩子捋清思路。

虽然思维导图的原理很简单，就是几张不同形式的图而已，但难点在于如何用好这些图，也就是说在什么样的场合该选择什么样的图，而对应的图又该如何使用。

针对这个问题，我专门编写了一本思维导图练习册，这个练习册将8种思维导图和数学、科学、写作、阅读、语言等都结合了起来。

比如，在英语单词中有一些特殊词根，这些词根中的部分字母或者全部字母是不发音的，那么我会请孩子用圆圈图来罗列这些词根对应的单词，从而加深对词根和单词的记忆。这部分就是语言的训练。

比如，憨憨的老师曾经给学生们布置一个Project（项目），让孩子们研究达·芬奇的生平，然后用泡泡图将达·芬奇的事迹、性格特点、著作等信息梳理出来。我将这道题也放入了练习册，这部分就是写作的训练。

比如，孩子阅读故事的时候，会看到故事都往往有开头、中间、结尾三段，这就是故事的主线。而在阅读技巧中，有一个专门的名词与之对应，就是Main Idea（中心思想），孩子只有把握住故事的主线才能掌握中心思想，这是阅读必备的一个技能。而我会在练习册里用流程图来训练孩子的阅读能力。

再比如，学数学的减法时，通常会用到“破十法”，它能帮助孩子计算得更快、更准确。那么，“破十法”该怎样演示才会帮助孩子更好地理解呢？我会在练习册里用环抱图来讲解“破十法”，这也是用思维导图来帮助孩子建立数学思维的一个案例。

我建议您与孩子在读完本书后搭配这本专门的练习册来练习。这本练习册一共16页，因为练习册暂时没有出版计划，所以我在公号特意为大家提供了可下载的电子版和答案。

您可以扫描二维码关注我的公号“憨爸在美国”，在公号里回复“思维导图”就能得到电子版的练习册。

好了，下面就让我们开始一段思维导图的神奇之旅吧！

憨爸

目录

03 用思维导图拓展词汇量

04 用思维导图提升写作力

05 用思维导图学习科学

01

认识思维导图

什么是思维导图

在美国的学校教学中，思维导图运用得非常普遍。如今，国内也掀起了思维导图学习的热潮，市面上有各种思维导图的图书和线上课程，很多朋友在选择时会感到迷茫，到底哪种是真的，哪种是假的呢？其实，我觉得思维的模式并没有真假，这个“导图”的概念，也逐渐被大家广泛接受和运用。

>> 为什么要提倡学习思维导图

我们来看一个教育学概念：学习偏向（Learning Preference）。学习偏向是指一个人在吸收知识的时候，他的性格决定他喜欢的学习方式。

学习偏向有各种各样的分类方法。

新西兰的学者尼尔·弗莱明（Neil Fleming）指出了一种学习偏向的分类方法（The VARK Preference）：视觉（Visual）、听觉（Auditory）、阅读（Reading）/写作（Writing）、运动感觉（Kinesthetic）。

也有学者指出这种分类方法已经过时，然而它倡导的因材施教的概念，至今在美国小学的教育体系中还是很流行——采用合适的方法来激励相应的学习者。

• 有的人学习偏向是阅读 / 写作（Reading/Writing learners）——他们阅读文字的时候更容易吸收知识。他们也喜欢用写作来表达自己的想法——我就是典型的文字偏向学习者，最喜欢用文字抒发内心感受。

• 有的人学习偏向是运动感觉（Kinesthetic learners）——他们喜欢调动全身的感官，例如看、闻、动、摸等行为来学习，喜欢亲身实践、制作模型、涂颜色、做手工等学习形式。大多数小朋友都喜欢这种学习形式。

• 有的人学习偏向是听觉（Auditory learners）——他们善于通过聊天、讨论、说话来学习。他们喜欢“听课”，并且根据说话人的音调、声调和速度来理解意思，把文字读出来，对他们的学习很有帮助。

• 还有的人是视觉学习者（Visual learners）——使用图片、图表、导图或者其他视觉工具来帮助学习。这些人做笔记的时候可能更喜欢把文字转化为可视的图表，这样也就引发了一种新的学习模式——用思维导图来学习。

>> 使用大量的图片能够提升学习效率

著名的思维导图大师东尼·博赞（Tony Buzan）在他的书中提到左右大脑的功能。

- 左脑常被用于：语言、逻辑、数字、顺序、线性、分析、列清单。
- 右脑常被用于：节奏、意识、想象、白日梦、颜色、维度。

当我们在记笔记或者写作业的时候，我们喜欢使用左脑，因为它可以帮助我们创造出一条条工工整整的列表式的笔记，这些笔记是按照顺序来归纳，显得非常有条理。

然而，东尼·博赞却认为，大脑是基于色彩和图像来思考的。比如，当我们提到“蛋糕”这个词，第一时间出现在大脑里的不是像电脑一样一笔一画地描绘出“蛋糕”，而是一张诱人的蛋糕图片。

可见，我们的大脑用图像来记忆东西是非常简单的。

在这本书里，我们要用图像学习来帮助孩子们激发大脑的潜能。我们根据目前使用最广泛的3种思维导图方法帮助家长、孩子来做脑力练习。这3种方法分别是组织图、心智图和8种思维图示。介绍完这3种方法后，我们还会结合阅读、写作、科学、数学以及生活管理等内容来帮助孩子进行脑力训练。

组织图

美国老师常常使用组织图（Graphic Organizer）来帮助孩子思考。使用组织图很像是把已经写好的文字归类填入图表里。

我们在网上能查到的组织图至少有700种，如知识表（KWL Chart）、汉堡包图（Sandwich Map）、蜘蛛网（Spider Map）等。

如果给孩子一个汉堡包图（包含有两块面包片、一块肉、一片绿叶、一片西红柿），孩子就会在“面包片”“肉”“绿叶”和“西红柿”中填入答案（见下面的“汉堡包”作文组织图）。

“汉堡包”作文组织图

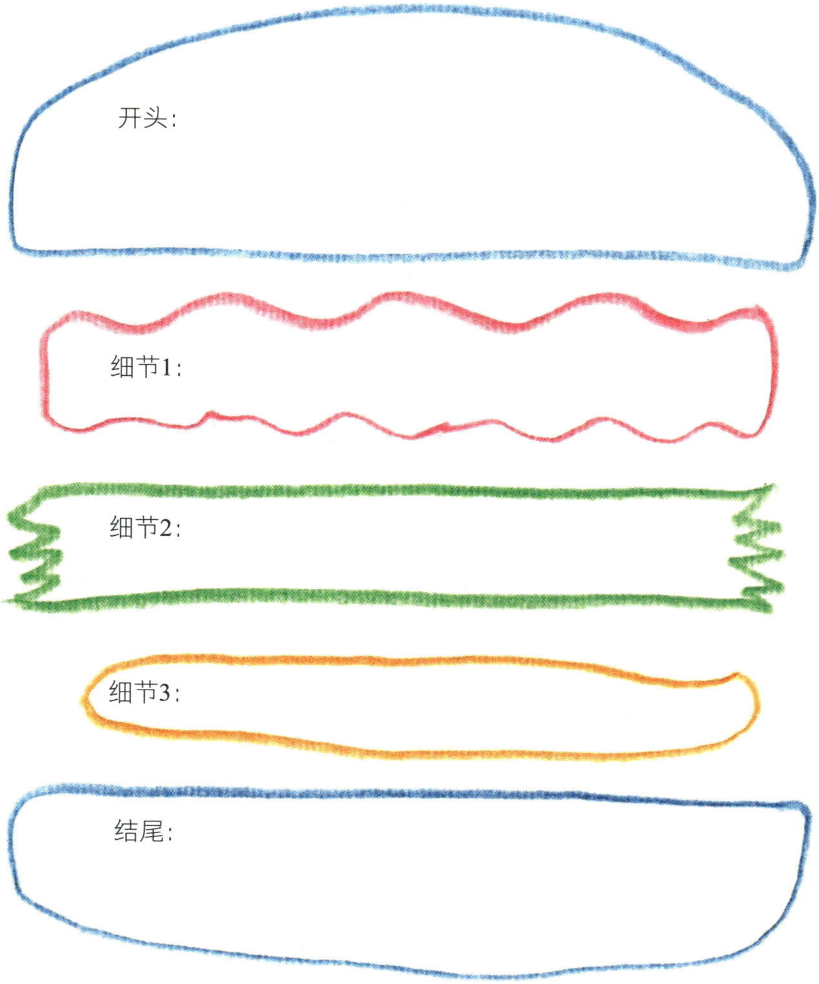

心智图

我们常常提到的思维导图大师——东尼·博赞是英国著名心理学家、大脑学家、记忆术专家。他发明的Mind Map通常译作心智图。

心智图是用图表来表现发散性思维，通过重复和模仿发散性思维来激发大脑。

东尼·博赞在《思维导图》里提到，每一条进入大脑的信息，包括感觉、记忆、颜色、音乐、食物等，都可以成为一个思考中心，并从这个中心向外发射出几十个、几百个甚至几千几万个“钩子”，而每个钩子都代表中心主题的一种联想。

那么如何绘制心智图呢？（我们最好用彩笔来绘制。）

第一步：拿出一张空白的纸和彩色的笔，并且横放。

第二步：在纸张的正中间画出中心主题。

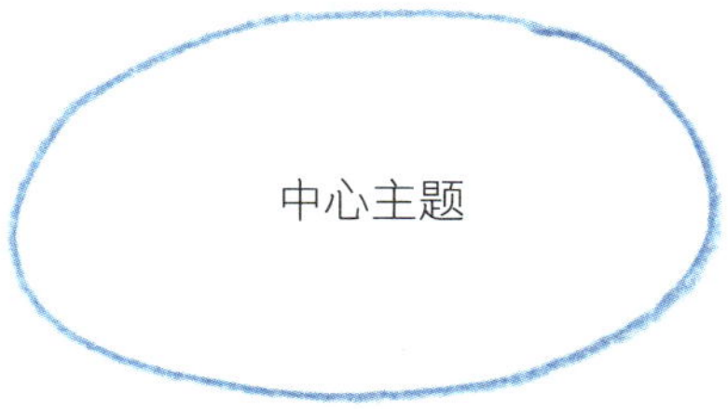

第三步：从中心主题出发，由粗到细画分支。

一般来说，我们从右上角开始绘制第一个分支，沿着顺时针不断添加思维分支。

同时，也可以在分支上加上图片，使得图表更加形象生动。

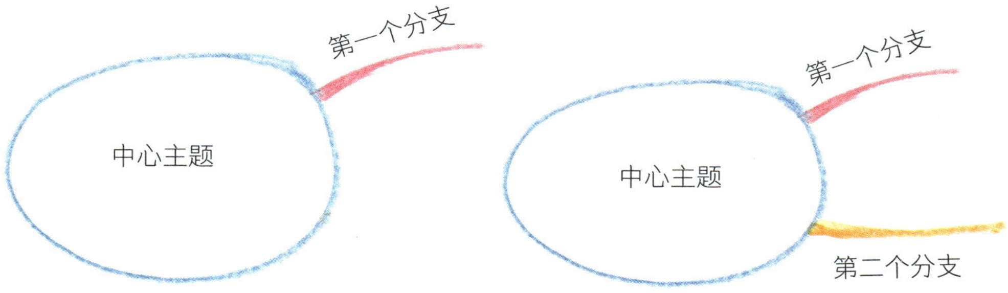

第四步：沿着主分支不断添加子分支。不同的分支可以使用不同的颜色。

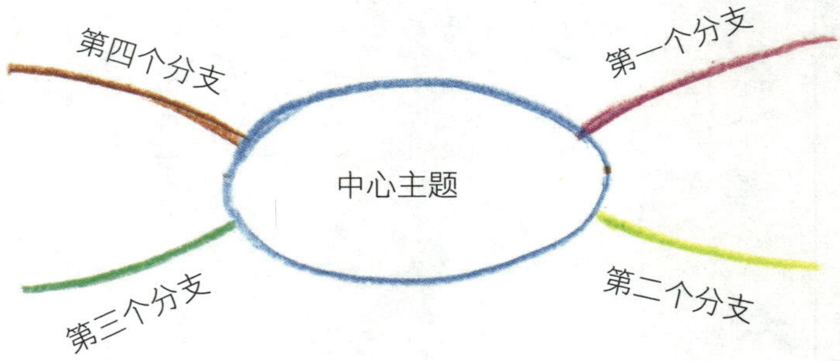

举例来说，下面这幅图是关于水果的心智图。我们提到水果就联想到苹果、桃子、草莓、葡萄，继而分别定义这4种水果的特性。

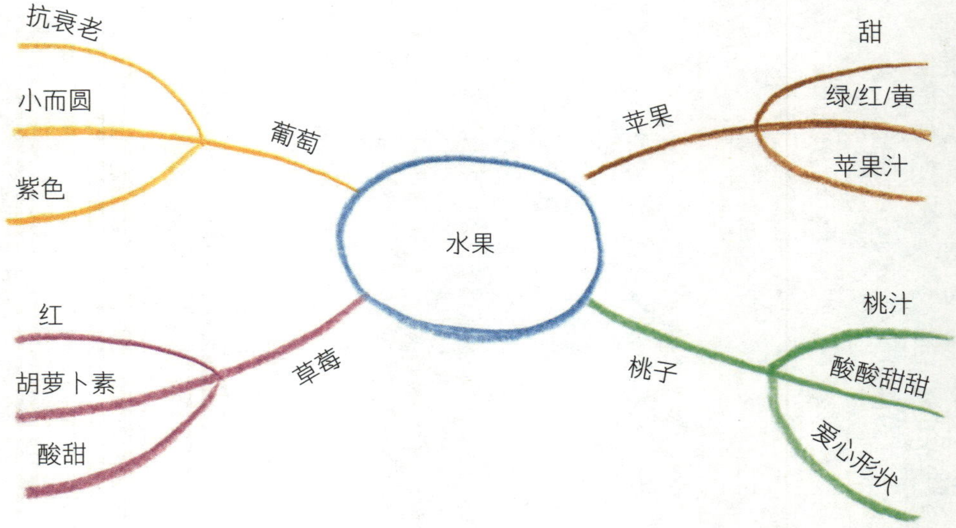

8种思维图示

美国著名思维教育专家大卫·海勒（David Hyerle）博士于1988年提出了Thinking Maps的概念，Thinking Maps包含8种思维图示，目前广泛运用于美国小学的阅读写作训练中。它体现的是一个从零开始的思考过程。

例如，老师让学生对比两个故事主人公的相同点和不同点。

这时老师不会提前给出一张双重气泡图（简称“双泡图”），甚至不会提示学生说我们要使用双泡图，而是需要学生自己能从8种思维图示中选择出最适合这个任务的类型——双泡图。因为双泡图就是用来比较概念的。所以说思维导图更注重的是思维方式，而不是图表填空。

8种思维图示不仅是一种有趣的思考方法，而且也能让记忆和做笔记变得不再无聊。在美国的小学课堂里，越来越多的老师开始用思维导图来教英文、自然科学和社会科学。这8种思维导图包括：

- 圆圈图：用于定义一件事。

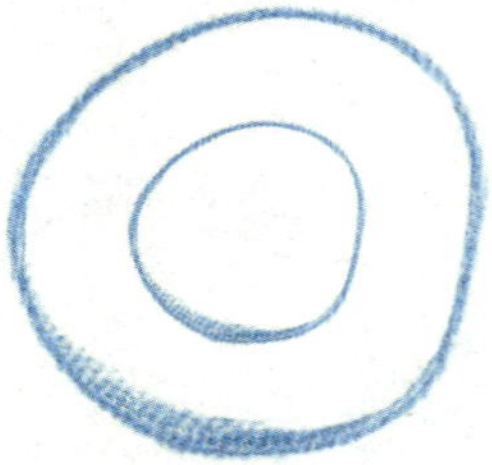

- 泡泡图：用于描述事物性质和特征。

- 双重气泡图：用于比较和对照。

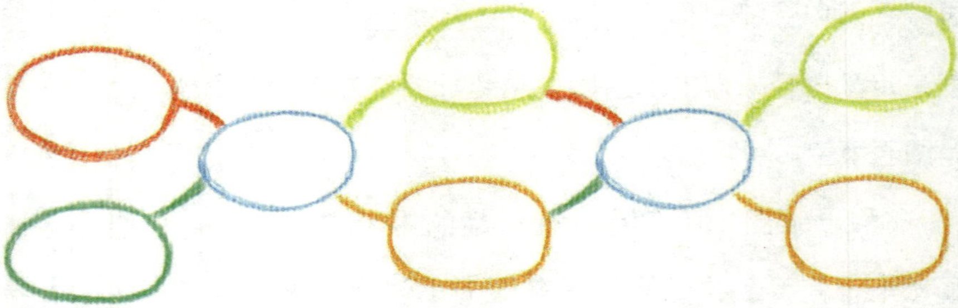

• 树状图：用于分类。

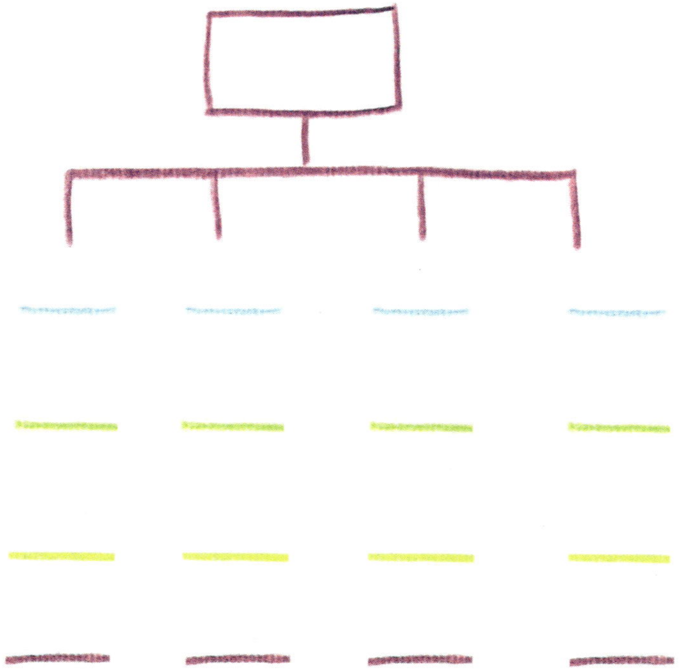

• 流程图：用于表达次序。

• 多重流程图：用于表达因果关系。

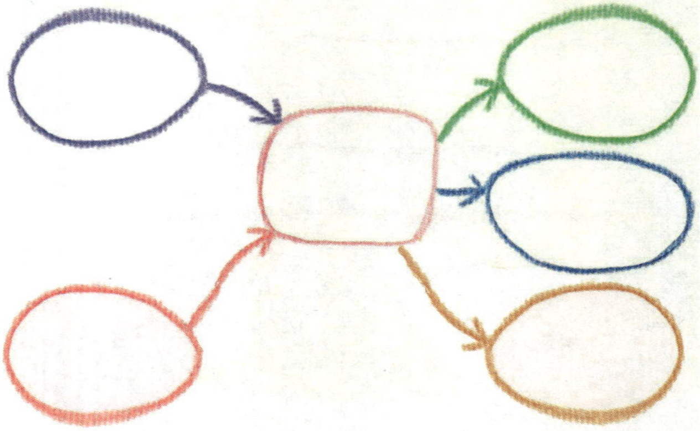

• 环抱图：用于表达事物的局部和整体。

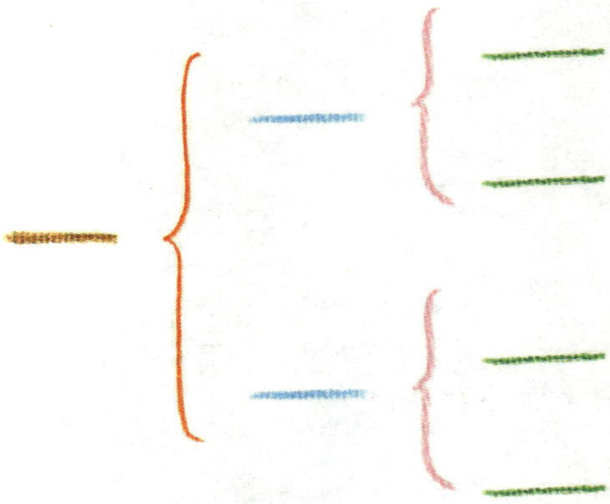

• 桥状图：用于类比。

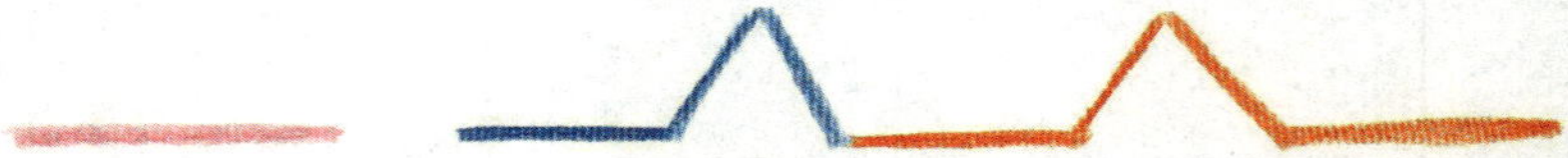

描述与对比

>> 圆圈图

圆圈图的目的是给事物定义。这里有两个圈——内圈和外圈。内圈用文字、数字或是图画定义核心主题，外圈则用文字或者图画对主题进行描述和反馈。

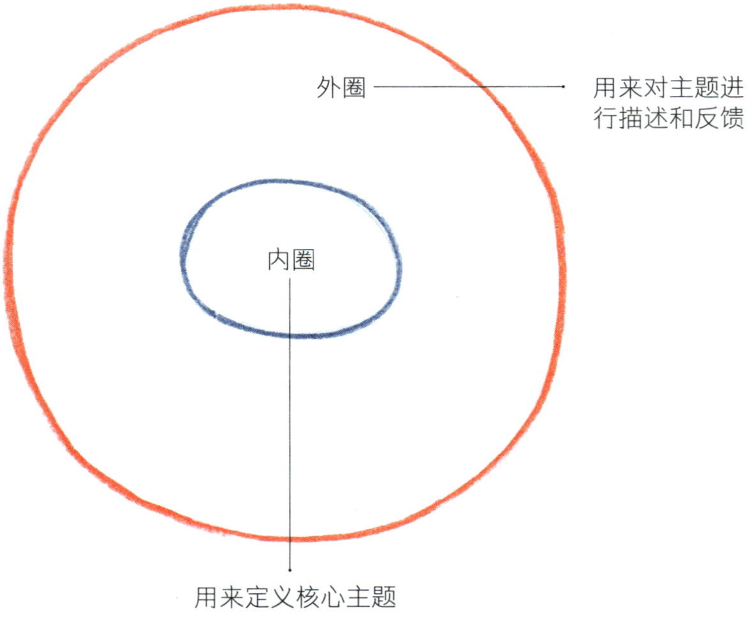

圆圈图是最常用的头脑风暴工具，在学生开始写作前我常常会提醒他们使用。

我曾经在美国小学四年级的作文课上用过圆圈图。

当时孩子们在写一篇关于蝴蝶的作文，于是我在这个圆圈图的内圈画上了蝴蝶。接着我让孩子们开始头脑风暴，说出蝴蝶的各项特征。比如：有带鳞片的翅膀、会飞、有4个生命阶段等。随后，孩子们把这些特征都填到外圈里。这样他们的圆圈图就做好了。

在这个过程中，孩子的思维完全是发散的，任何关于蝴蝶的想法都可以填入外圈里。等把所有想法都写进外圈之后，再用树状图把这些想法归为3类，比如：外貌类（带鳞片的翅膀、翅膀上有规律的图案、有棒形的触角），习性类（吃花蜜，有的会迁徙过冬），生命周期（卵、幼虫、蛹、成虫）。这就是一篇作文的3个自然段了，也就是说一篇文章的框架构建好了。

另外，圆圈图也可以用来拓展词汇。

如何画圆圈图？

下面是以蝴蝶为主题来画的圆圈图。

第一步：我们定义好圆圈图的主题（蝴蝶）后，画出内圈。

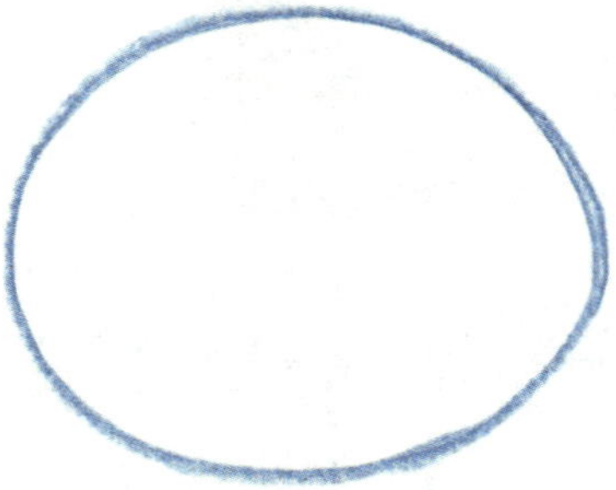

第二步：在内圈中写上需要头脑风暴的主题或者文章内容的主题。

第三步：画外圈。

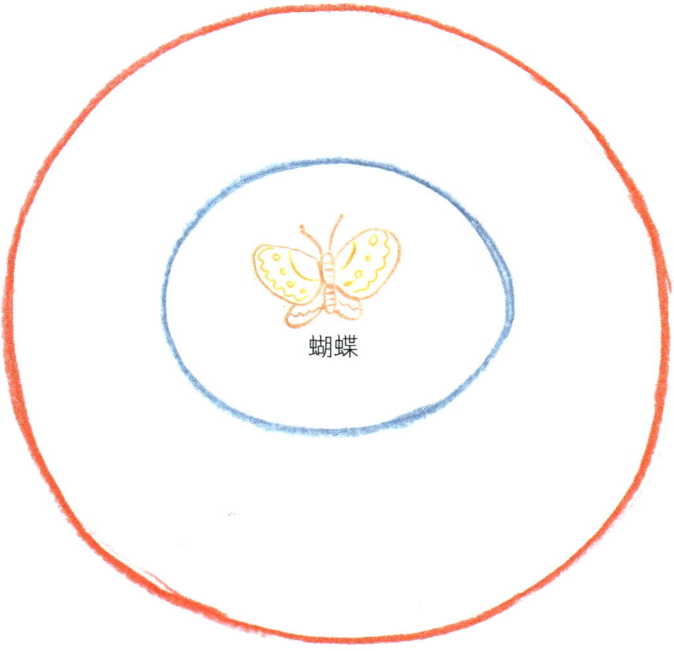

第四步：在外圈和内圈之间填入内容。

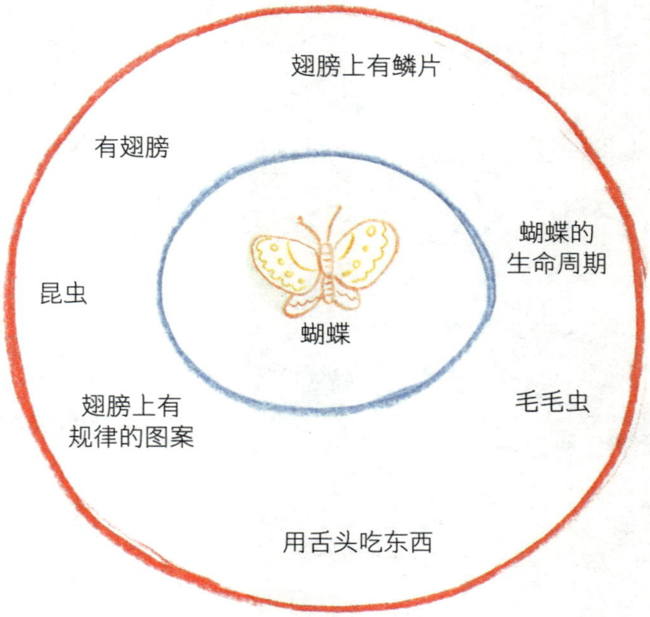

什么情况下我们会用到圆圈图？

• 搜集你所知道的一切信息。此时的思维不应该受到禁锢，圆圈图就像一张大网，可以把你知道的所有信息都填进去。

• 头脑风暴。当一个人或者一群人在做头脑风暴时，任何想法都可以先写进圆圈图里，稍后再归纳整理。

• 定义。当我们想要定义某个事物或某个人的时候，我们可以用到圆圈图。关于这个事物或这个人的一切属性都可以归纳进圆圈图里。

应用场景

用彩色的圆圈图定义火星。

主题：火星

属性：低温、有两个小月亮、有地球的一半大、类地行星、可能有水、地表有赤铁矿所以有红色外表、由于自转轴倾斜而产生不同季节

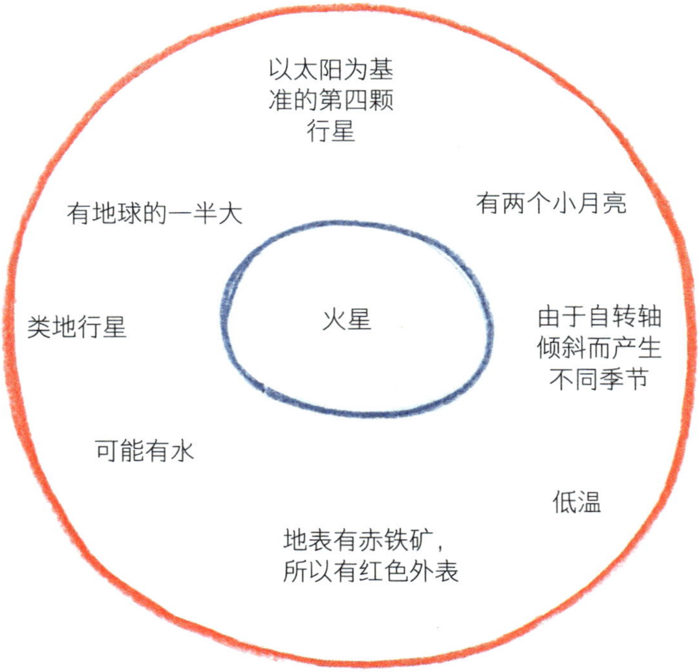

拓展知识

圆圈图也可以画成彩色的，来看看下面几种尝试：

亲子圆圈图

画圆圈图的时候，爸爸妈妈用一种颜色写字，孩子用另一种颜色写字，画完后互相分享。

预测和调查

画圆圈图时，先用一种颜色的笔写出预测的内容，比如，毛毛虫是怎么变成蝴蝶的？让孩子先预测一下。然后让孩子说出自己的预测，接着再做调查，最后用另一种颜色的笔把调查结果写出来。

形容词和名词

形容词用一种颜色来写，名词用另一种颜色来写。

观点和事实

观点用一种颜色来写，事实用另一种颜色来写。

>> 泡泡图

如果要描述一个主题的属性，那泡泡图最合适不过了。

泡泡图可以帮助孩子增加对事物描述的深度和多样性。

泡泡图，顾名思义，它是由很多泡泡组成的。

中间的泡泡是主题词汇，周围有很多描述事物属性的泡泡环绕。

值得注意的是，这些描述事物属性的泡泡（即属性泡泡）里填写的都是形容词。

在课堂上，我曾经用泡泡图来做过自我介绍，简单明了的图画让小朋友们一下子就了解了我。

如何画泡泡图？

第一步：先画一个圆，确定主题泡泡。

第二步：画线并且画出属性泡泡。

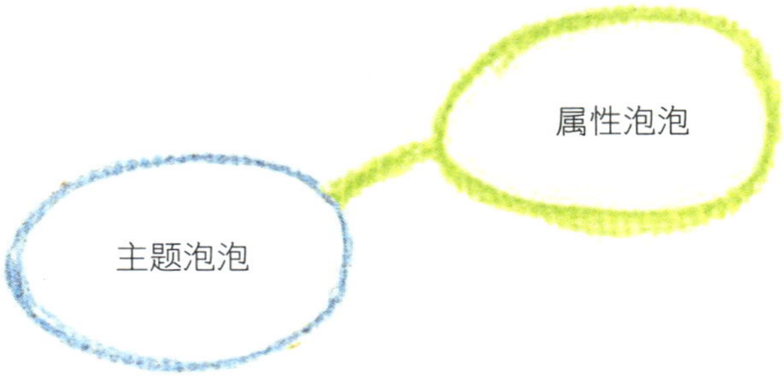

第三步：在原来的属性泡泡基础上，不断增加更多的属性泡泡。

什么情况下我们会用到泡泡图？

• 当描述人物、事物、地点、想法、图片和理论等的时候，我们可以用泡泡图来拓展思考。

• 当我们学习数学、科学或者生物概念的时候，泡泡图可以帮助我们思考概念。例如在学习化学元素的时候，我们可以以某种元素为主题泡泡，然后拓展出它的各种属性泡泡。

• 通过五感（闻、尝、听、看、触摸）来感受某个事物，因此获得启发，拓展出各种属性泡泡里的内容。

应用场景

下面是一个小朋友读完绘本《我妈妈》后画出的泡泡图。

主题泡泡：我妈妈

属性泡泡：出色的、很棒的、强壮的、漂亮的

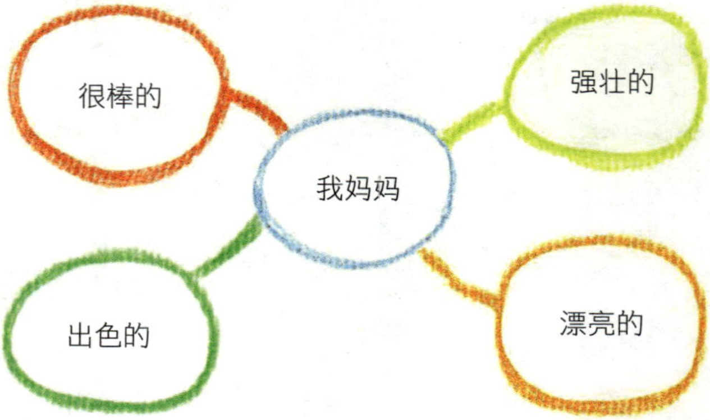

>> 双重气泡图

双重气泡图用来比较两个事物最合适不过了。两个泡泡图放在一起，但中间有重叠的气泡，那就是两个事物之间的共同点。

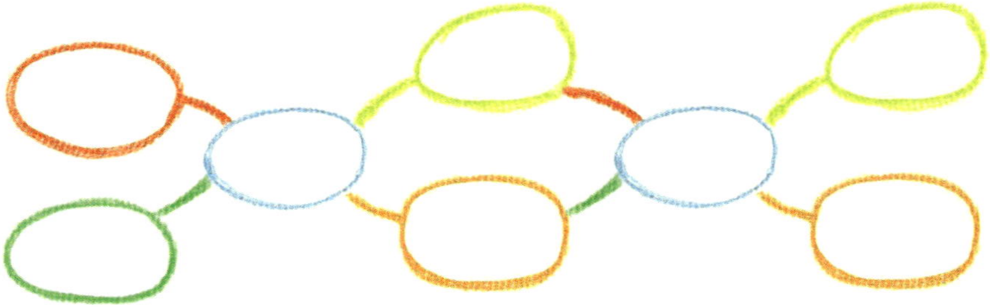

我在教美国小朋友写作的时候，曾经让他们写过一篇作文——《我的爱好》。他们需要先选出自己的两个爱好，然后进行比较——这两个爱好有什么相同点，有什么不同点。

双重气泡图不仅常被老师用于日常教学，也曾出现在美国小学的考试中。在一次美国小学三年级的州考中，有一道题是要求学生对比两个科学现象。这种考试往往有一个热身活动——要求老师先用双重气泡图跟学生做发散性练习。热身活动之后，学生对这个概念有了一定的印象，再读文章继续考试。如果学生当场就理解了双重气泡图，那么这道题自然是不难的。

从另一个角度来看，这也说明美国教育部门很推崇使用这种方法帮助学生思考。

如何画双重气泡图？

第一步：画出两个主题泡泡。

第二步：画出它们的相同属性泡泡。

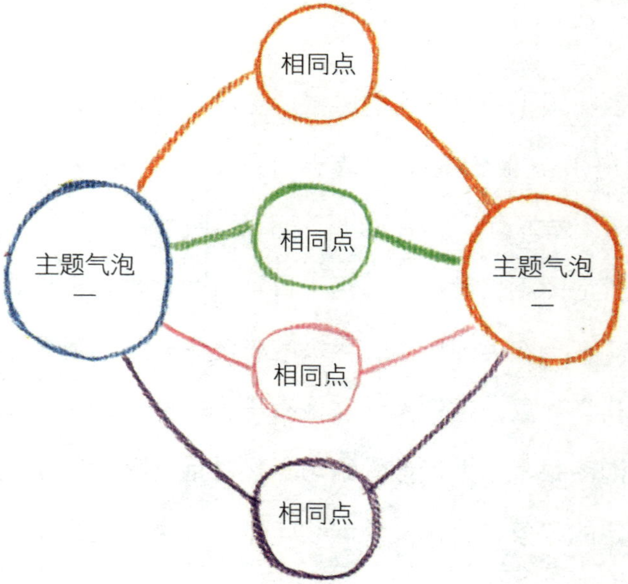

第三步：画出它们的不同属性泡泡。

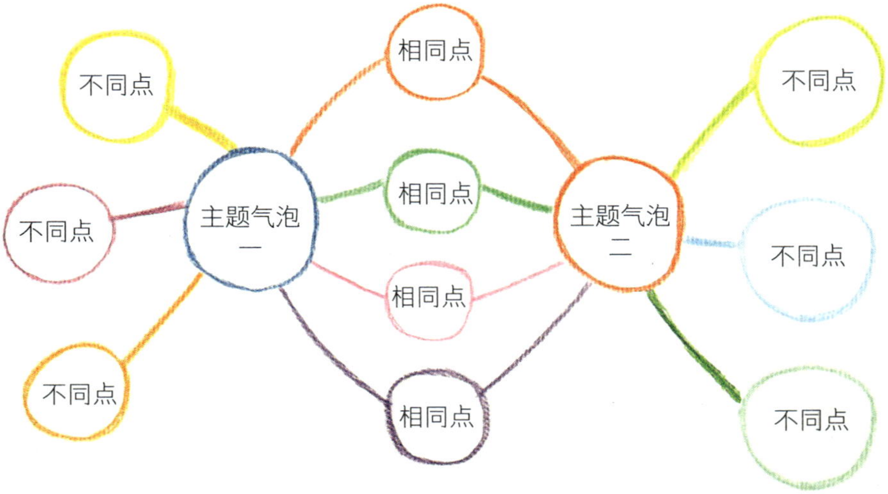

什么情况下我们会用到双重气泡图？

- 比较两个事物的相同和不同。
- 挖掘一个事物的独特之处。

应用场景

画出沙漠和水两大生态体系的比较图。

图左是沙漠生态体系，图右是水生态体系。

相同点——都有沙子和泥土，有一些植物，是一个生态体系。

不同点——沙漠生态体系的特点是：干、热、很少有植物和微生物等。水生态体系的特点是：潮湿、很多植物、很多动物等。

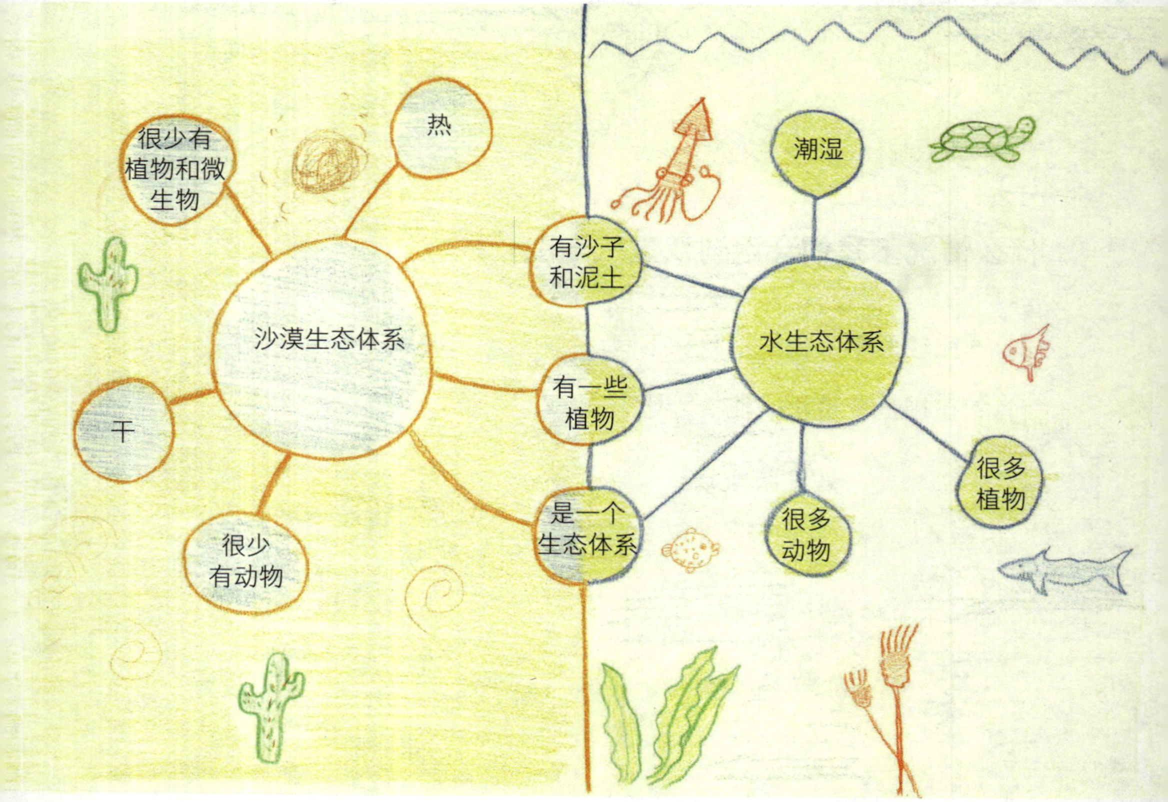

分类与流程

>> 树状图

树状图是帮助人们学会分类思考的最佳方法。它就像一棵树，可以分门别类地将事物有条不紊地列出来。树状图的上方是树干，下方密密麻麻的是树根。

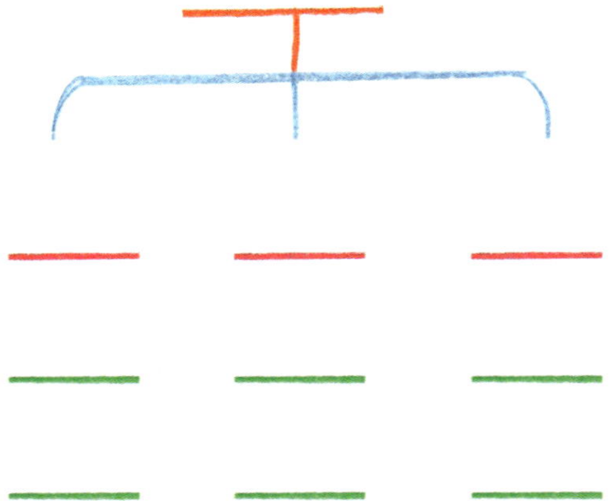

如何画树状图？

第一步：定义主题。

第二步：画出一级分类目录。

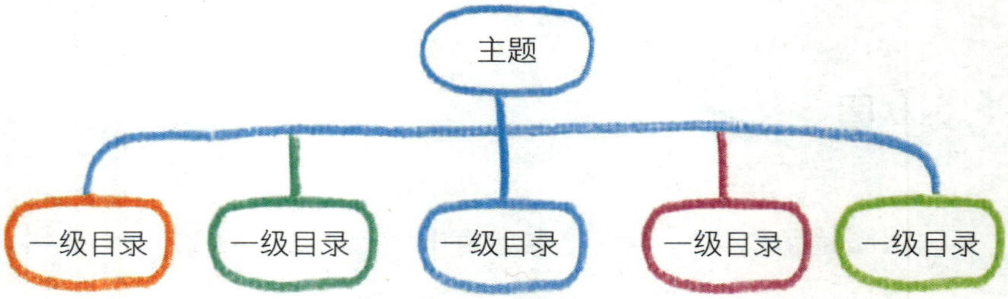

第三步：在每一个一级目录下面列出对应项目。

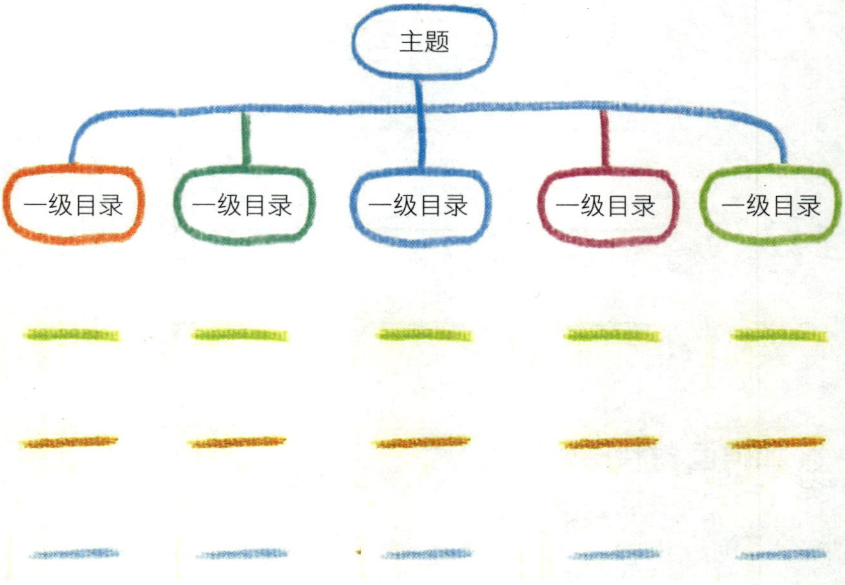

什么情况下我们会用到树状图？

- 给信息或事物分类的时候，我们可以用树状图来整理，列出不同的项目。
- 在写作练习时，可以用树状图将主旨与细节进行分类。
- 对于已经分好的类目进行重新分类时也可以用到树状图。
- 梳理文章大意。

应用场景

我的同事巫老师是一位在美国土生土长的亚裔老师，她在给美国双语浸入式小学、幼儿园学生上课时经常会设计海报。海报上每张图片都是可以撕下来再贴上去的。

在一节课开始的时候，巫老师会先取下树状图的“树根”部分，让孩子自己思考。

她在上小学的时候就常常见到老师使用这类图表来教学，所以当了老师后也自然而然地按照这种从小养成的思维方式来设计教学海报。

例如在学习物质的时候，我们可以按以下步骤来跟孩子讲解。

- 首先让孩子想一想身边有哪些物质；
- 然后把物质分为固体、液体、气体3类；
- 接着让孩子举手回答自己想到了哪些物体；
- 最后分别填入下面的树状图中。

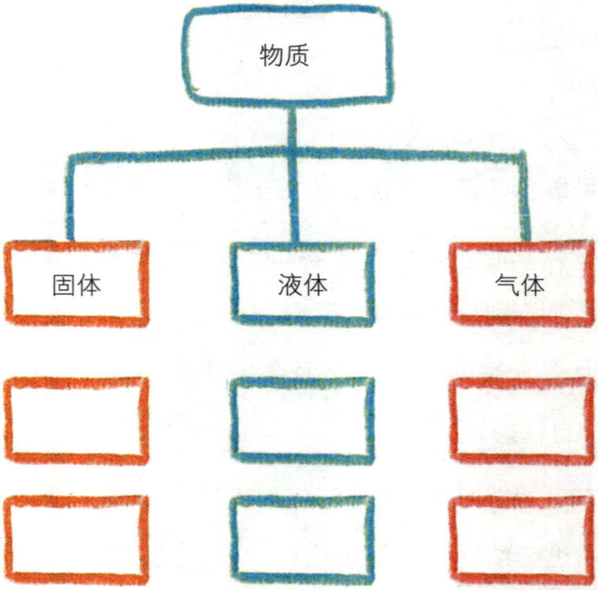

>> 流程图

流程图通常用来表示事情发生的顺序，我们可以利用流程图去分析事物的发展和内在逻辑。所以描述有1，2，3……这种步骤的事件都可以使用流程图。

如何画流程图？

第一步：画出第一个事件框。

第二步：画出箭头和下一个事件框。

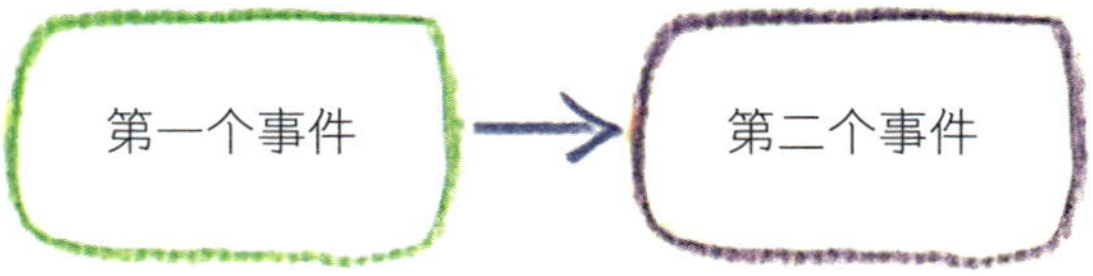

第三步：不断增加事件框和箭头。

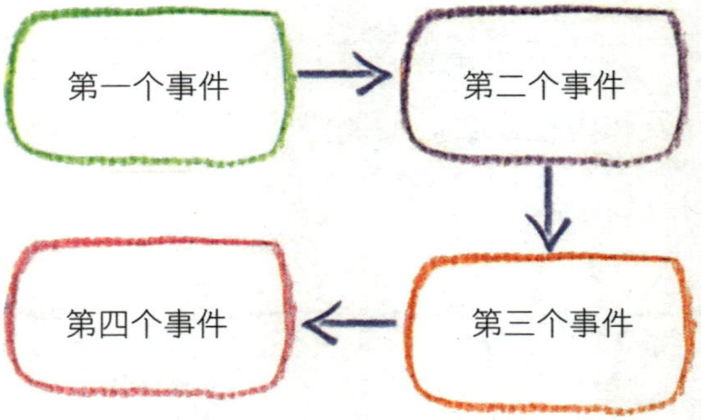

什么情况下我们会用到流程图？

- 描述事物的发展顺序。
- 描述一个事件中的每个阶段。
- 猜想下一个步骤的内容。
- 排列信息。

应用场景

下面分享美国幼儿园的一个教学实例。

在图片中，老师用流程图清晰地描述了动物的生长过程，可以帮助幼儿理解顺序的概念。

比如描述鸡的生长过程：鸡蛋—小鸡—老鸡。

再比如描述青蛙的生长过程：蝌蚪—长出腿—青蛙。

动物的生长过程

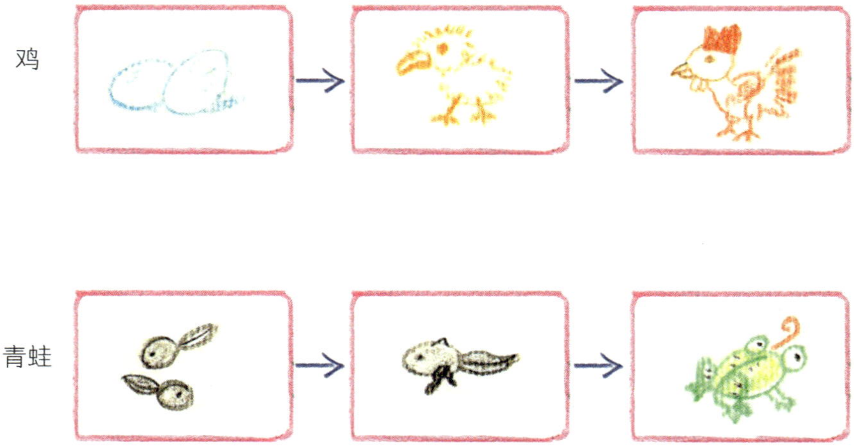

拓展知识

如果某个事件中有对应的子事件，可以加入子事件。

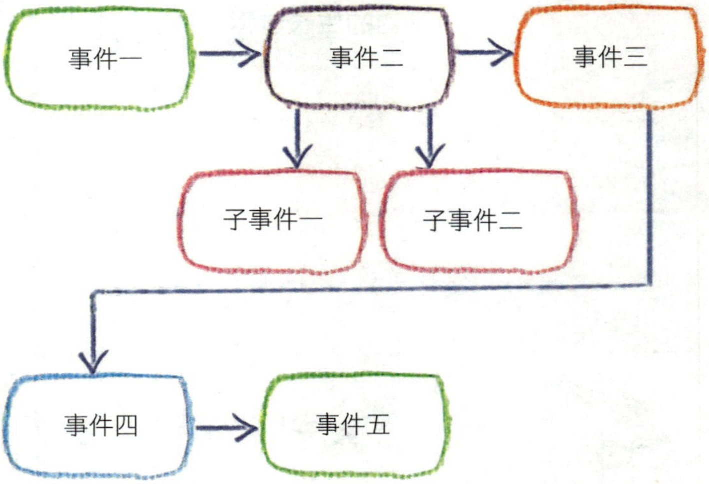

顺序与因果

>> 多重流程图

多重流程图也可以叫作因果关系图，可以帮助孩子理解事物发生的原因和导致的结果。左边的框是事件发生的原因，中间的框是发生的事件，右边的框是事件导致的结果。

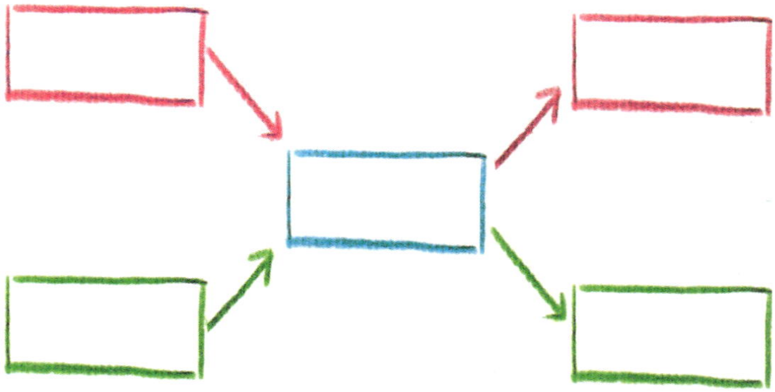

如何画多重流程图？

第一步：画出事件框。

第二步：思考原因框，在事件框和原因框之间连线。

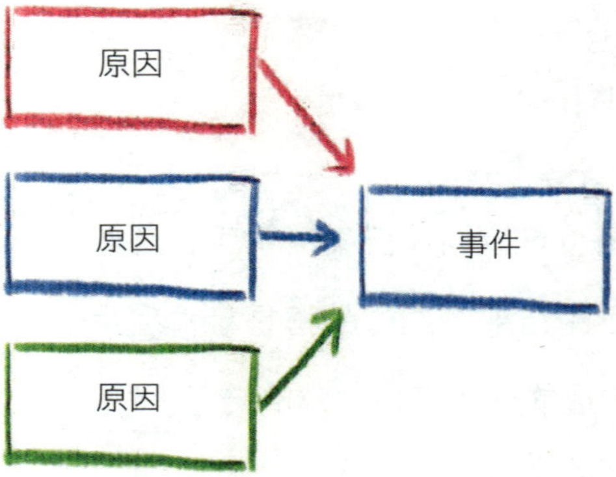

第三步：推测结果框。

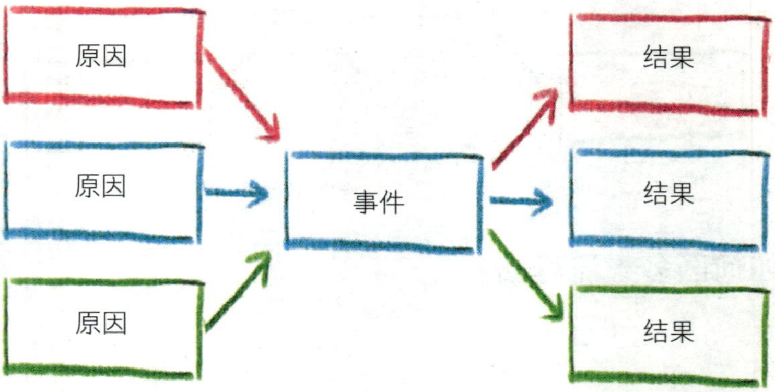

什么情况下我们会用到多重流程图？

- 描述事件的起因和结果。
- 预测事件的发生。
- 历史事件的分析。

应用场景

美国老师喜欢用多重流程图来制作激励孩子的图表，这张图表通常贴在教室后墙上，让孩子们能随时看到。图上有很多夹子，夹子上写了班里每个孩子的名字，老师会根据他们的行为将夹子移动到对应的位置。

比如，在这个图中，红脸代表着“表现不好”，黄脸代表着“需要改进”，绿脸代表着“表现好”。

红脸：

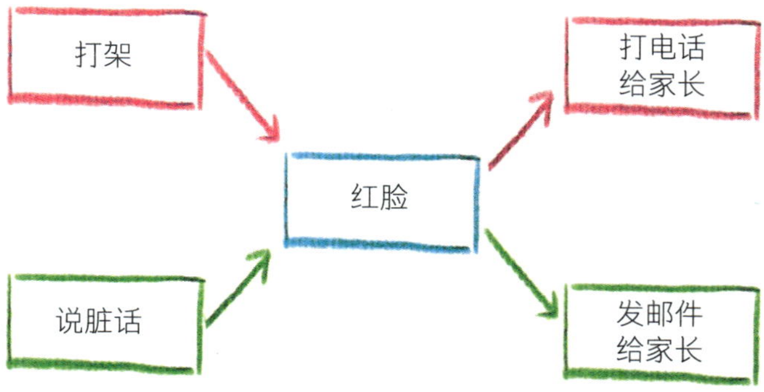

黄脸：

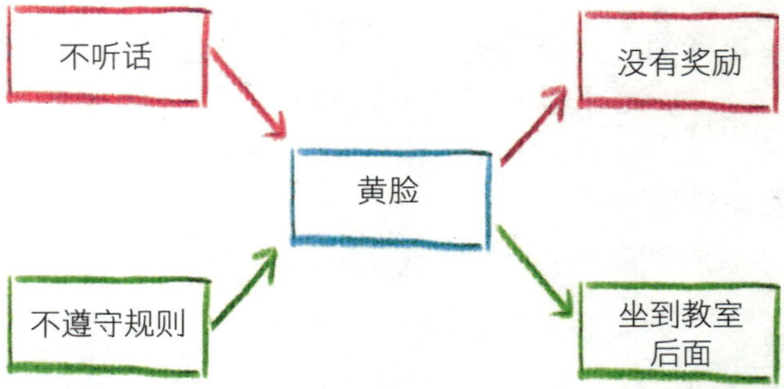

绿脸：

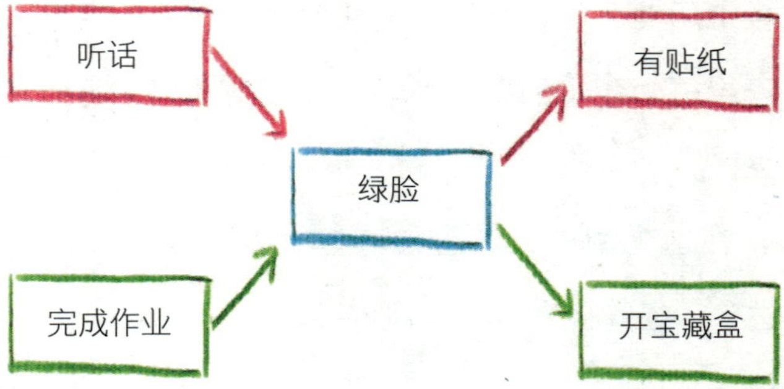

下面看看这位老师是怎么使用多重流程图的。

因为某某同学“说脏话”，所以写有他名字的夹子就移到“红脸”对应的位置。结果是“发邮件给家长”。

因为某某同学“不听话”“需要改进”，所以写有他名字的夹子就移到“黄脸”对应的位置。结果是“没有奖励”。

因为某某同学“听话”，有好的行为，所以写有他名字的夹子就移到“绿脸”对应的位置。结果是“有贴纸”。

拓展知识

对于低年级的孩子，可以拆分多重流程图，只将“起因”和“事件”结合使用：

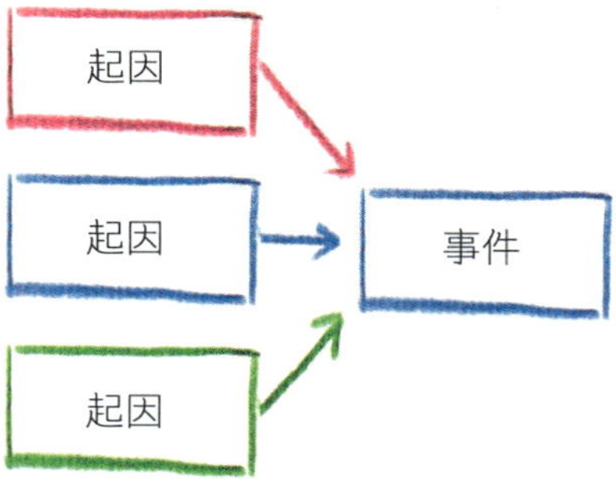

或者只将“事件”和“结果”结合使用：

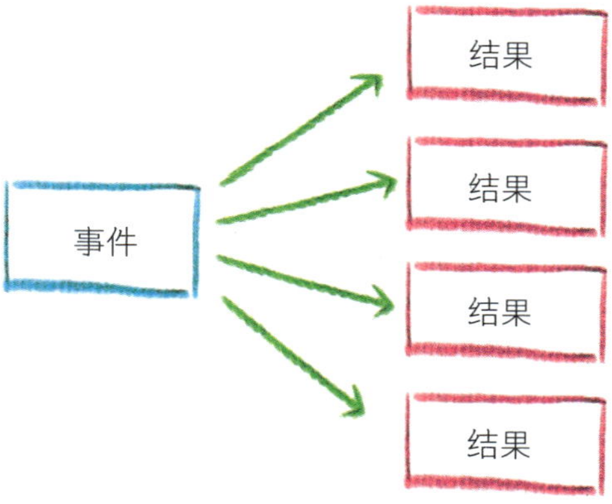

>> 环抱图

环抱图用来表达整体和局部的关系，也是我们平时用得最多的一种图。比如做笔记的时候就常常用到它。环抱图的左边是整体，右边是局部。

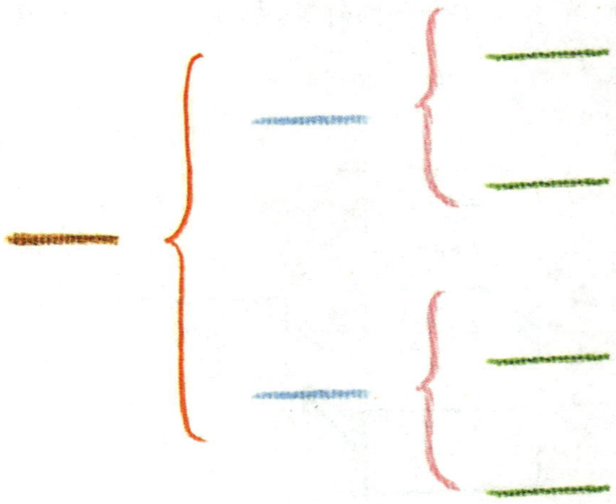

如何画环抱图？

第一步：画出整体。

第二步：画出局部的第一级分支。

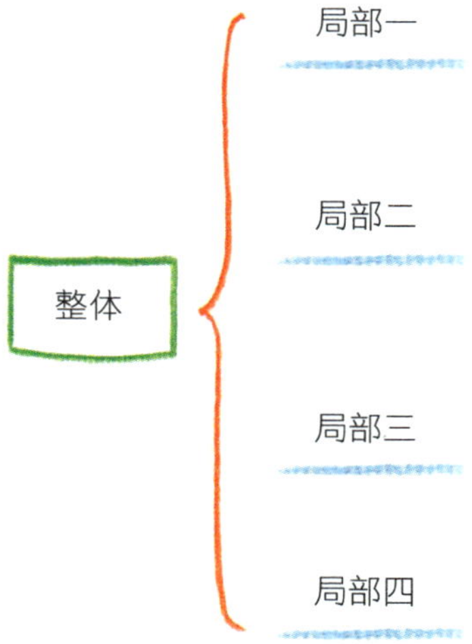

第三步：沿着每个局部分支不断拓展下一级分支。

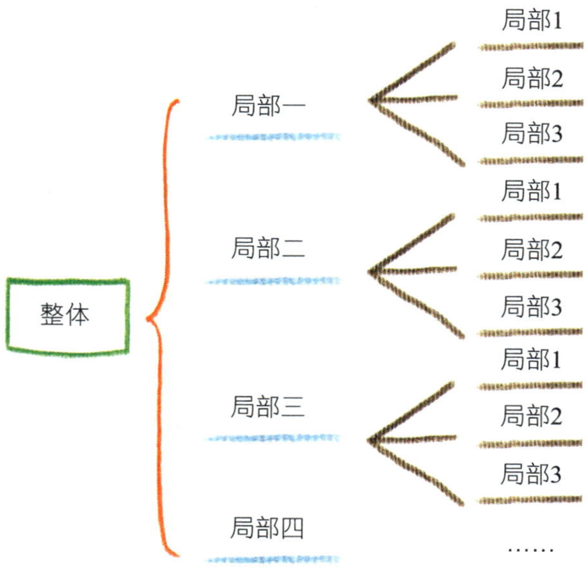

什么情况下我们会用到环抱图？

- 表达整体和局部的关系。
- 寻找缺失的部分。
- 分析构造。

应用场景

下面是美国老师在教孩子学习植物结构时用到环抱图的实例。

植物的结构

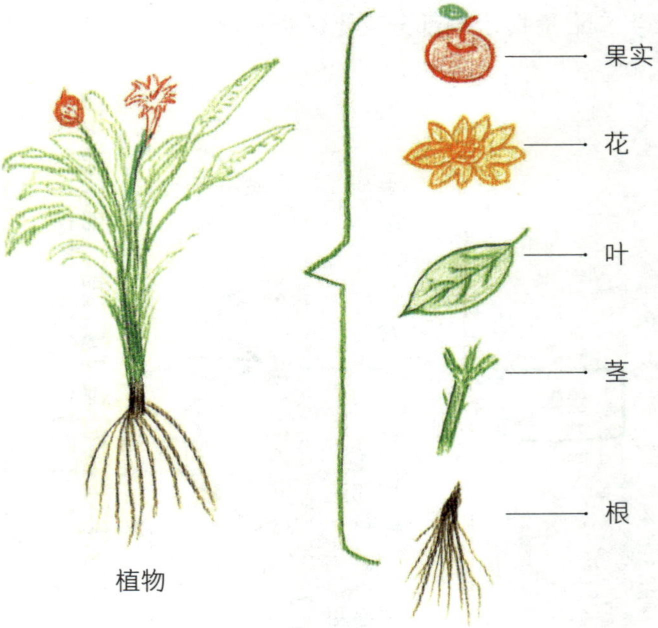

身体和五官、肢体是整体和局部的关系，因此也可以用环抱图来表示。

汤姆的身体部位

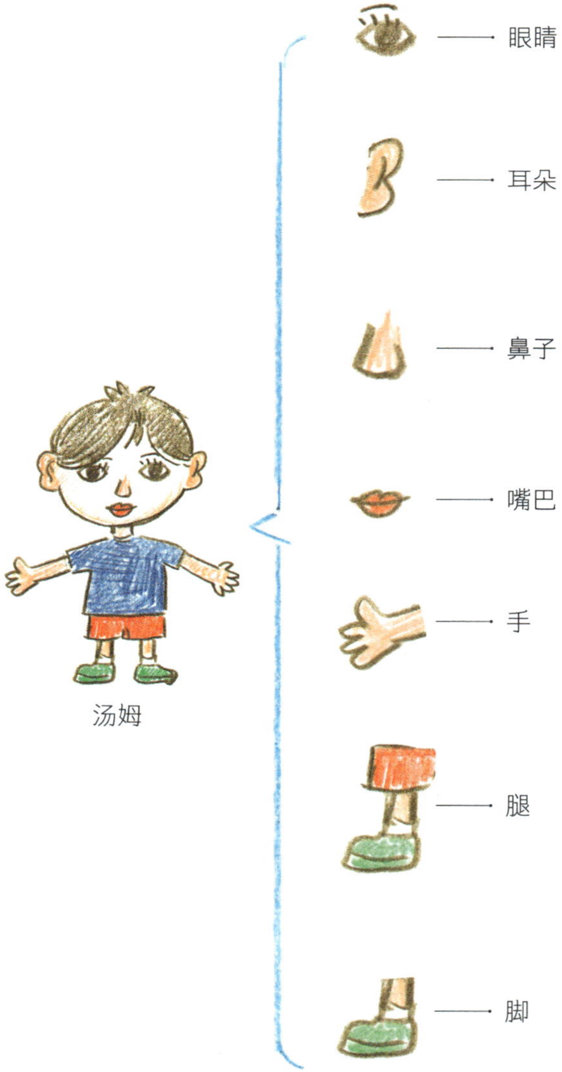

类比

>> 桥状图

桥状图用来描述事物之间的相似性和相关性。图的左边描述上排事物与下排事物的关系，右边则列出能表述这种关系的例子，例如A与B的关系正如C与D的关系，正如E与F的关系。

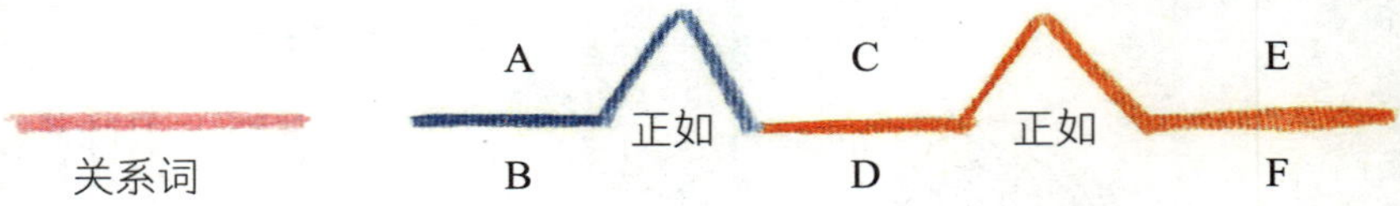

如何画桥状图？

第一步：在左侧写出关系词。

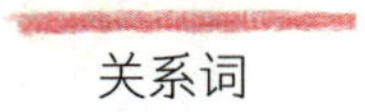

第二步：在右侧这条曲线上写出第一对有相似关系的词语，接着再写出第二对，如此延续。

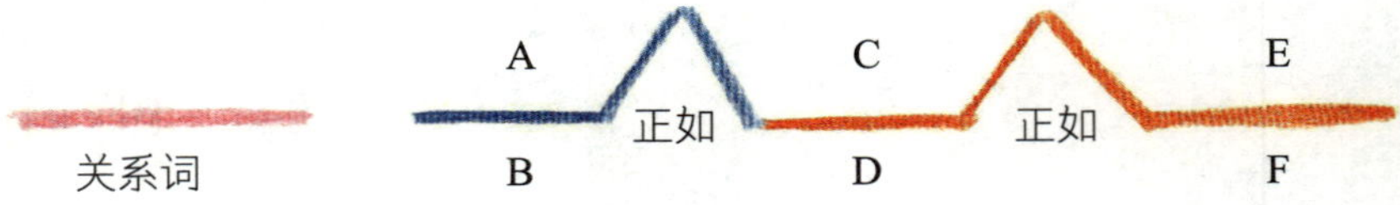

什么情况下我们会用到桥状图?

- 表达两个词语之间的相似关系。
- 激发孩子联想更多的类似关系。

应用场景

在数学中，我们可以使用桥状图来进行乘法练习。

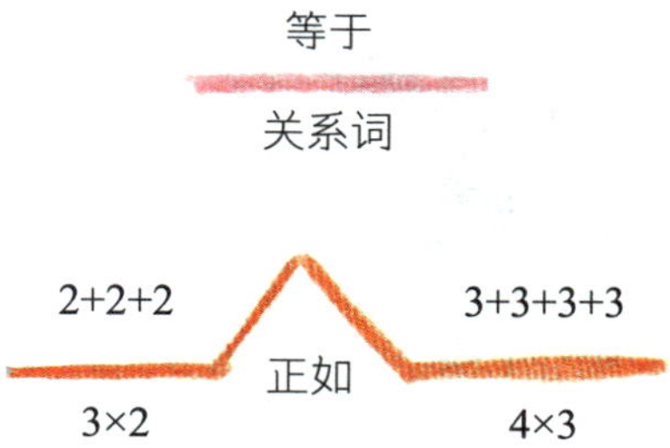

首先，写出关系词——等于，也就是说，上面一行“2+2+2”与下面一行“3×2”的关系是“等于”。

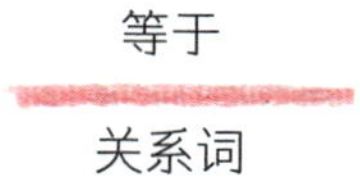

然后，列出第一个类比：2+2+2等于3×2。

接着，列出第二个类比：3+3+3+3等于4×3。

最后，以此类推，把所有类似的算式都列出来。

02

用思维导图提升阅读力

用来归纳中心思想

思维导图是一种很好的图形工具，无论是8种思维图示还是组织图，都可以让孩子在画图的过程中锻炼自己的语言能力。当他们在听、说、读、写和画图的时候，同时也可以训练表达能力和阅读能力。另外，清晰可见的图形框架还可以帮助孩子记笔记、整理思路等。

当孩子们读完一篇有趣的文章或是一段引人深思的故事，你可以提问："这篇文章/这段故事讲了什么？"有的孩子有过目不忘的本领，而有的孩子却脑袋一片空白——咦？刚才好像读了很多内容，可是如果需要总结，怎么就思路卡壳了呢？

对于上面这种任务，画圆圈图就是一个好的方法。画圆圈图可以用来定义中心思想。当孩子在阅读一个故事的时候，让孩子把故事的标题作为圆圈图的内圈，然后把故事中比较重要的思想内容写到外圈里，就像头脑风暴一样——搜集自己所读到的一切。

中心思想就是故事所表达的主题，而细节就是给中心思想添加更多信息。找出中心思想可以帮你更好地理解所读的内容，这样你就知道怎么复述了。

在读完故事以后，我们可以根据所画圆圈图的外圈内容来总结中心思想。例如，在绘本《蚯蚓的日记》中，我们可以通过挖掘蚯蚓在不同事件中的表现来总结这个故事到底讲了什么。这个故事通过小蚯蚓写日记的形式，描述了它在学校、家庭中日常生活的快乐点滴。

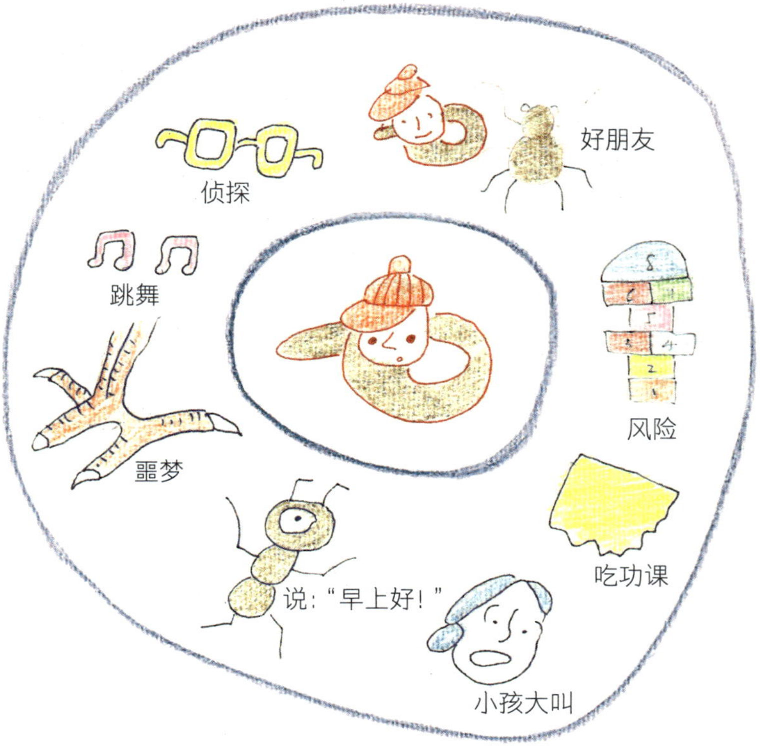

绘本《蚯蚓的日记》圆圈图

下面是根据绘本《爸爸带我看宇宙》画的圆圈图，你能总结一下中心思想吗？最后把中心思想填进内圈里。

绘本《爸爸带我看宇宙》圆圈图

脑力练习

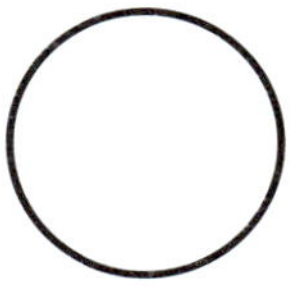

读下面这段文字，用圆圈图来总结中心思想。

夏威夷火山公园是一个很美的地方，整座火山公园有1347平方千米。公园里的火山喷出的熔浆最后都会流到海里。在这个公园里，你可以顺着火山周围的小路骑单车，也可以在公园的热带雨林里野营。这里还生活着上百种受保护的动物，包括乌龟、蝙蝠、昆虫和各种各样的鸟。

用来定义角色

在故事阅读中，为角色定义是一件很有趣的事情。每个角色都具有多面性，可以用某些特征来定义一个角色，比如他们的价值观、信仰、特点等。这些特质可能是正面的（如善良），也可能是负面的（如贪婪）。有时候人物的特点可以直接从文中获取，有时候需要通过分析人物的语言、想法和行动来获得。

读完全文，让孩子先找出描写人物形象的文字，然后再分析人物角色，可以帮助孩子从不同角度去了解人物。这些或尖酸刻薄，或温柔腼腆，或豪放大气的角色，常常能使得这些作品变得有血有肉。

例如，读完绘本《我爸爸》以后，将“我爸爸”作为主题，延伸出的属性泡泡都是关于“我爸爸”的人物角色分析。这些属性泡泡里填的通常都是形容词。

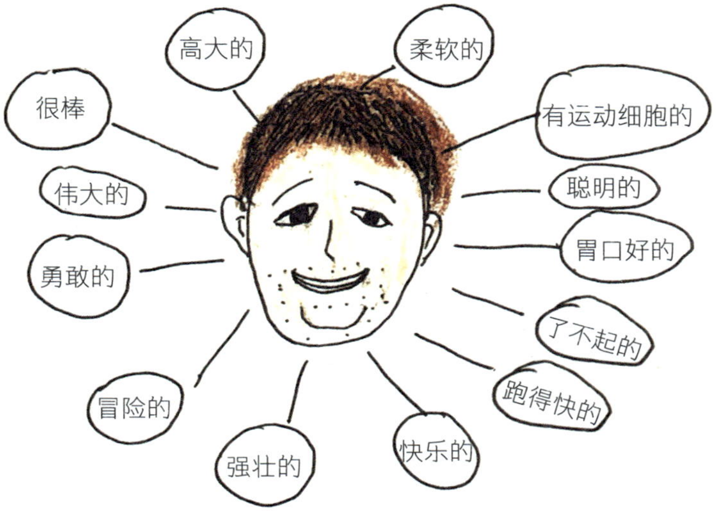

根据自己的观察，来写一写自己的爸爸：

脑力练习

读下面一段文字，用泡泡图来定义角色。

我有一只白色的小狗，长得非常可爱。头上长着一对灵活的招风大耳，走起路来，耳朵动来动去，像玩具熊一样。小狗有一双水汪汪的眼睛，鼻子不大也不小。它的嘴巴大大的，一笑就露出洁白、锋利的牙齿。我很喜欢我的小狗。

用来对比内容

乔布斯和比尔·盖茨有什么不同?

自行车和汽车有什么不同?

生活中处处都有可以用来比较的事物。

在不同的故事书中，有不同的故事情节，也有风格迥异的人物形象。

对比两个事物的相同点和不同点，也是提升分析和理解能力的重要方法。

家长可以带孩子用双重气泡图来对比不同书籍的内容。

例如，在读完绘本《石头汤》和《生气汤》后，我们将这两本绘本的内容进行对比：

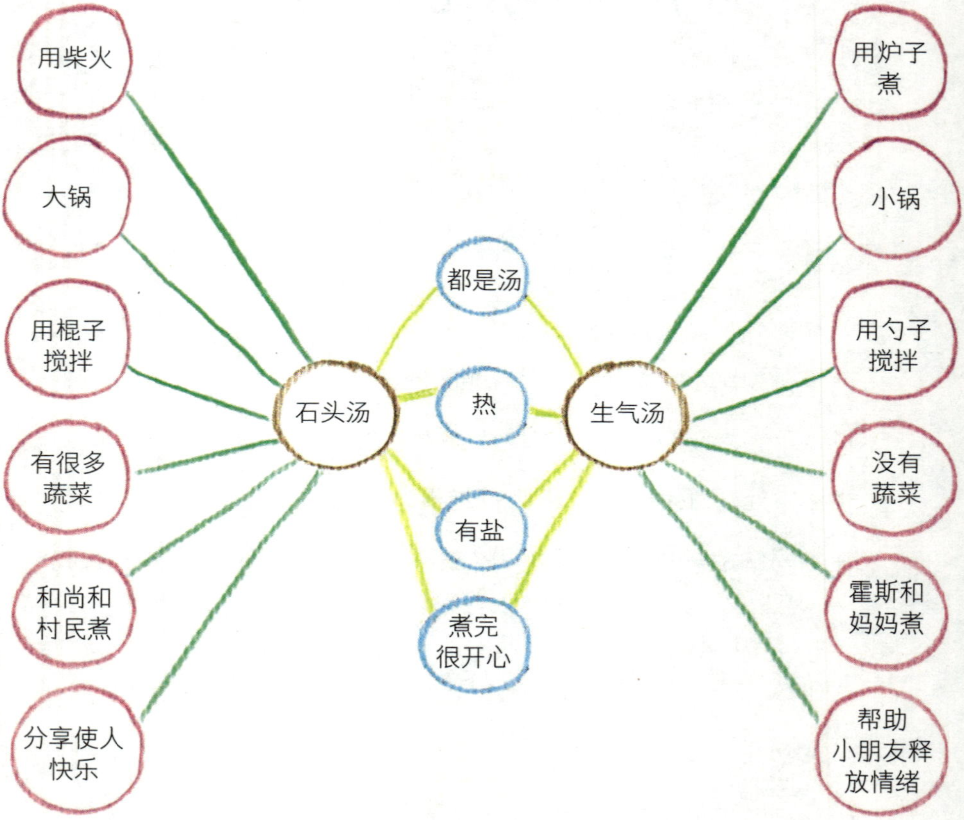

绘本《石头汤》和《生气汤》内容对比

脑力练习

读下面一段文字，用双重气泡图来做一个对比的练习。

闪电和打雷是两种不同的自然现象。下雨时，天上的云有的带正电荷，有的带负电荷。当两种带有不同电荷的云碰到一起时，就会出现闪电。与此同时，它释放出很大的热量，使得周围的空气受热和膨胀。那些瞬间被加热膨胀的空气会推挤周围的空气，引发出强烈的爆炸式震动，这就是雷声。

用于对知识点进行分类

读完一本书或一篇文章，家长可以指导孩子把读后收获的知识点进行分类。

比如，读完一篇描述动物分类的文章后，我们知道了动物可以分为哺乳类、鸟类、爬行类、两栖类以及鱼类。此时，如果带孩子一起用树状图来画出这篇文章的主要内容，可以帮助孩子对动物分类建立起一个系统的框架。

再如，在绘本《好饿的毛毛虫》中，毛毛虫从星期一到星期天吃的食物，我们可以用树状图来分类。

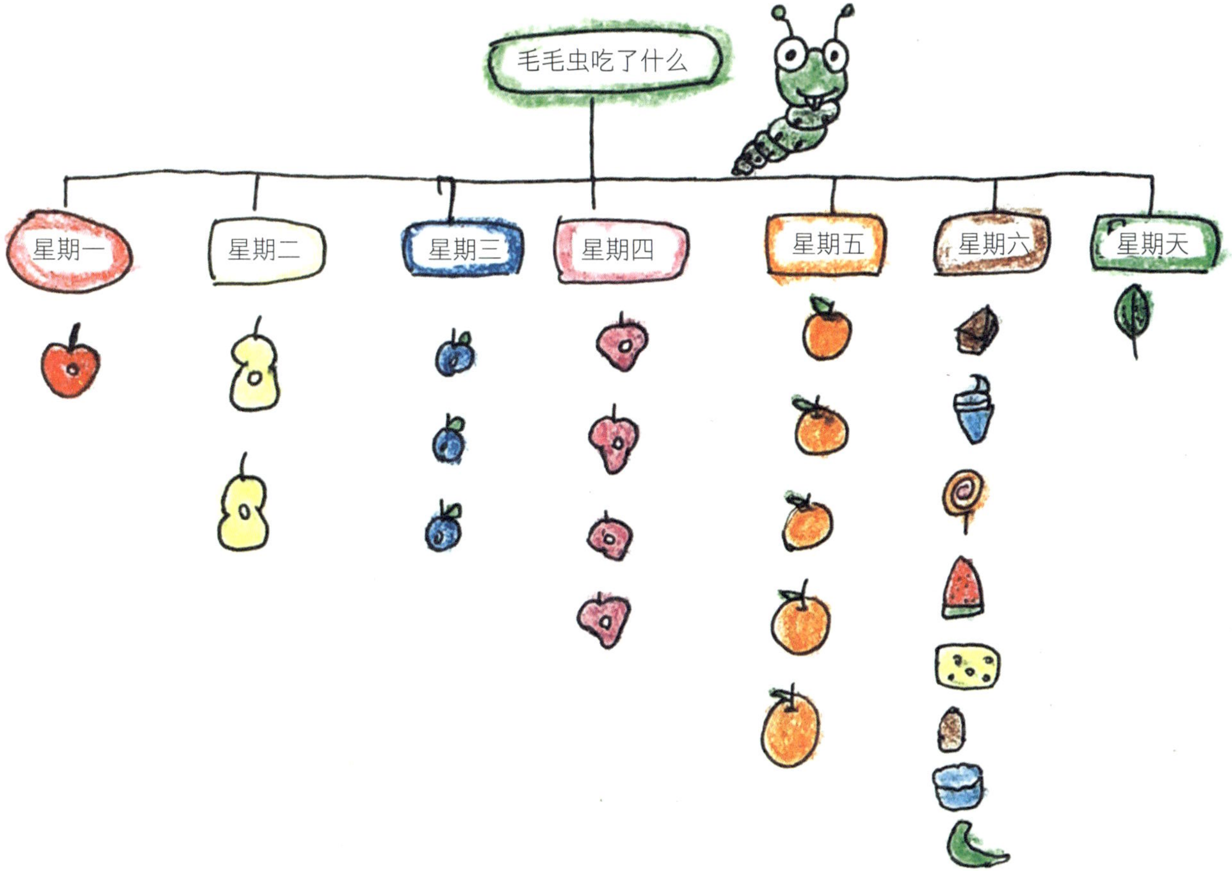

绘本《好饿的毛毛虫》树状图

当然，使用树状图分类方法不止这一个，我们还可以按照动作类型分类，例如按照can（能够），have（有），are（是）来分类：

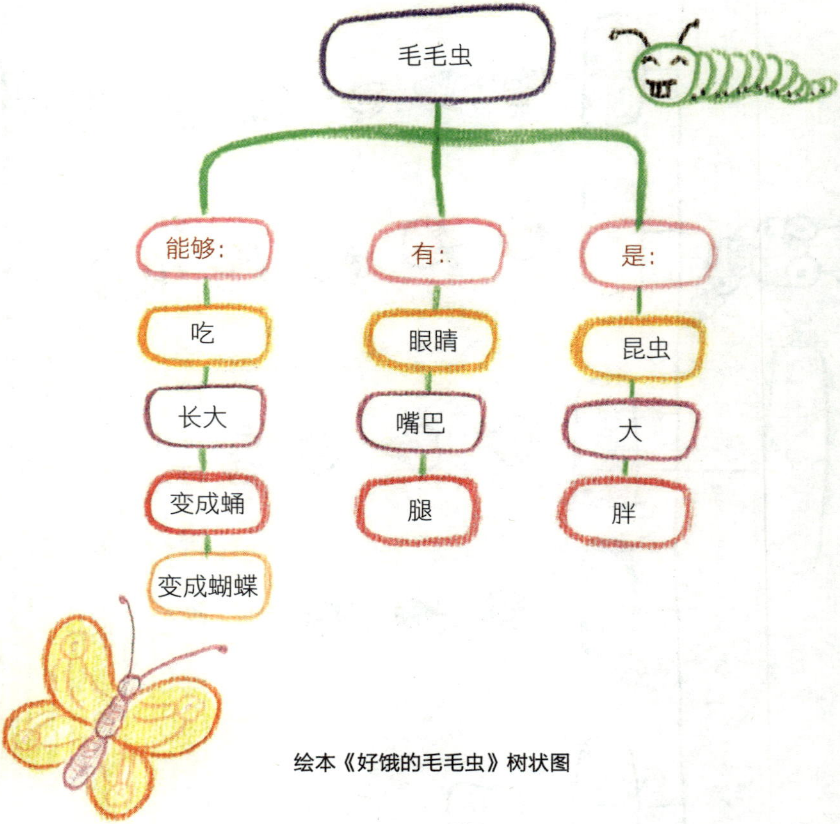

绘本《好饿的毛毛虫》树状图

脑力练习

读下面一段文字，用树状图来表示分类。

中国是世界上拥有野生动物种类最多的国家之一。全国约有脊椎动物6000多种，其中兽类约500种，鸟类约1258种，爬行类约376种，两栖类约284种，鱼类约3862种，约占世界脊椎动物种类的十分之一。常见的鸟类有鸭子、麻雀、家鸽、鹅、鹦鹉等。爬行类有陆龟、变色龙、鳄鱼等。鱼类有鲶鱼、三文鱼、鲫鱼等。兽类有大熊猫、狮子、老虎、豹子等。两栖类动物有青蛙、蟾蜍和蝾螈等。

用来分析结构

思维导图可以用来分析文章结构，或者用来分析所描述的事物的结构等。

比如，用环抱图来表示整体和局部的关系。

在读一段描述动物外貌的文字时，你可能会想象这个动物长什么样子。

比如它的头什么样、眼睛什么样等。

为了让它呈现出一个清晰的架构，我们可以用环抱图来分类，这样就一目了然。

例如，在读绘本《走开，绿色大怪物！》时，我们可以用环抱图来描述这个怪物的外貌。

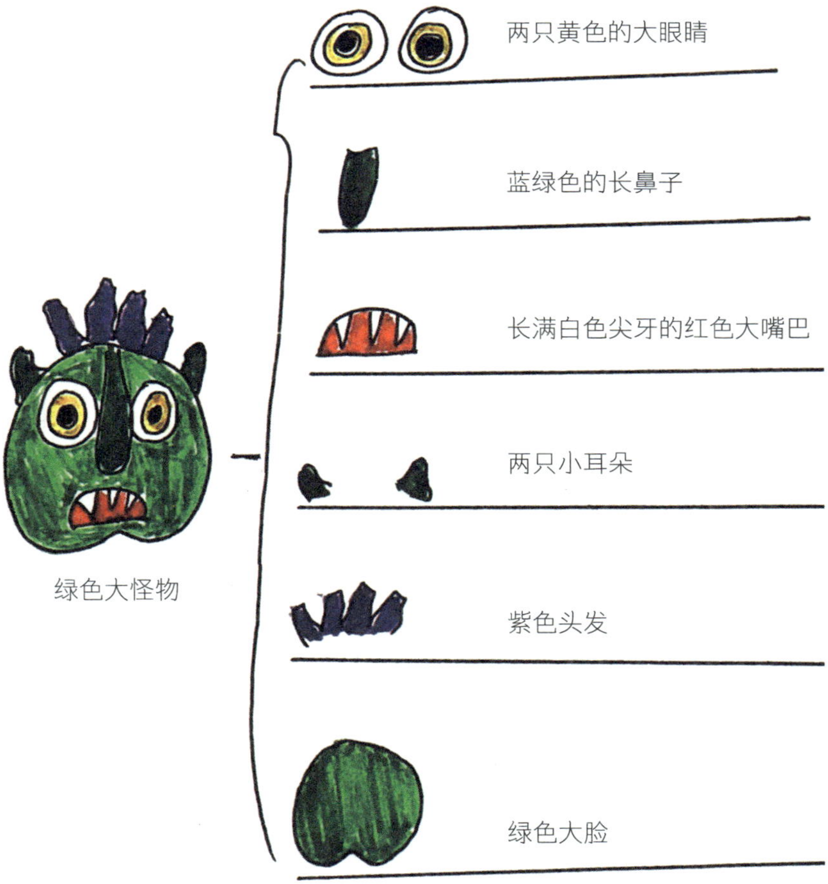

绘本《走开，绿色大怪物！》环抱图

脑力练习

读下面这段关于植物的文字描述，用环抱图画出植物结构。

植物的营养器官是根、茎、叶。茎可以支撑叶和花，还可以为植物向上或向下传输养料。叶子可以通过光合作用来制造植物生长所需要的养料，光合作用的过程中需要阳光、水和二氧化碳。根可以让植物牢牢固定在土地里，然后吸入植物所需的水分和矿物质来产生养料。

用来表达故事的发展顺序

流程图是一种很常用的思维导图。

它的特点在于图上有箭头——读者看到箭头就能明白事情发展的顺序。

比如，在一个故事中往往有一条故事线，顺着这条故事线走，会看到起因、上升情节、高潮、下降情节以及最后解决问题的方法，这几个步骤就如同一座起伏的小山。

在阅读完一个故事之后，家长可以用流程图帮助孩子理解故事的发展顺序。

在绘本《有个老婆婆吞了一只苍蝇》中，我们可以根据故事情节发展将老婆婆依次吞下的动物画成一幅流程图。

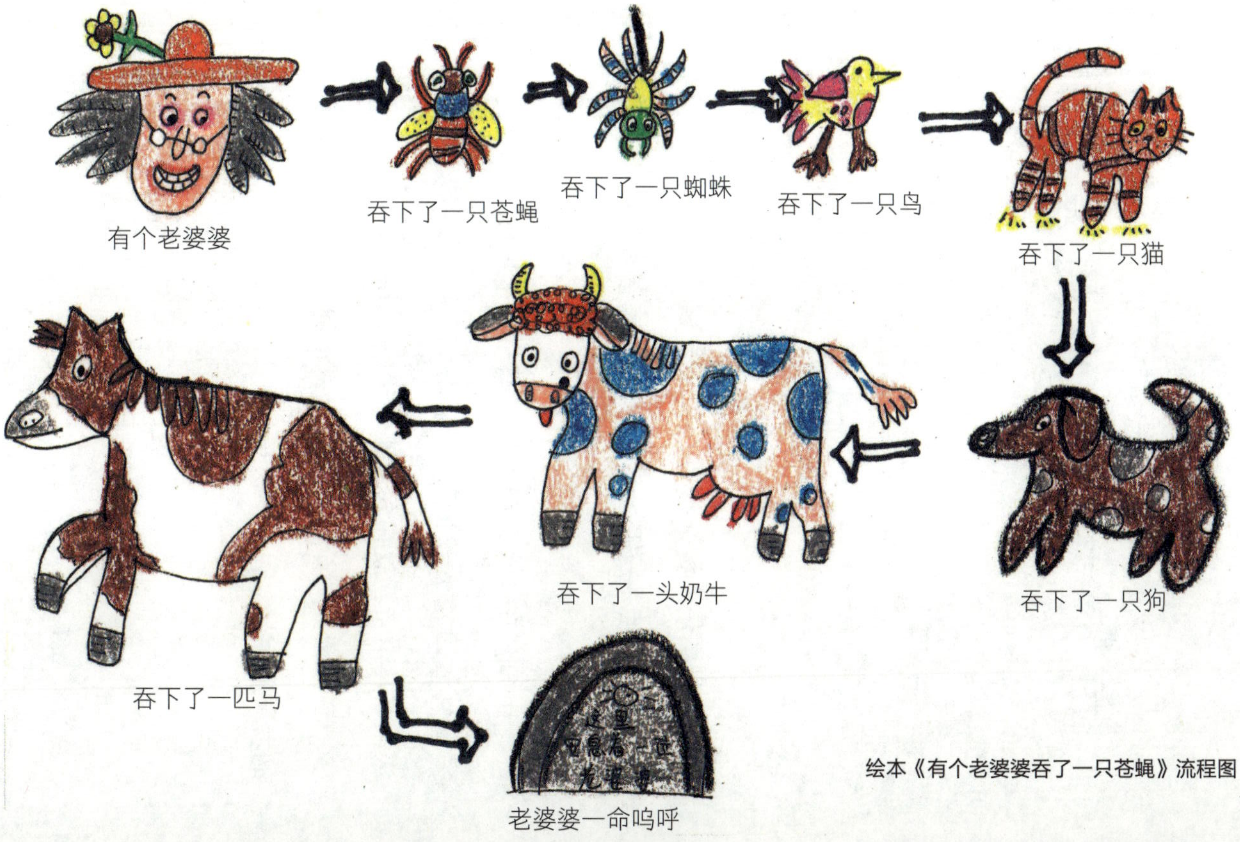

绘本《有个老婆婆吞了一只苍蝇》流程图

读完绘本《大蝌蚪》，家长可以指导孩子用流程图来画出小蝌蚪到大蝌蚪的成长过程。

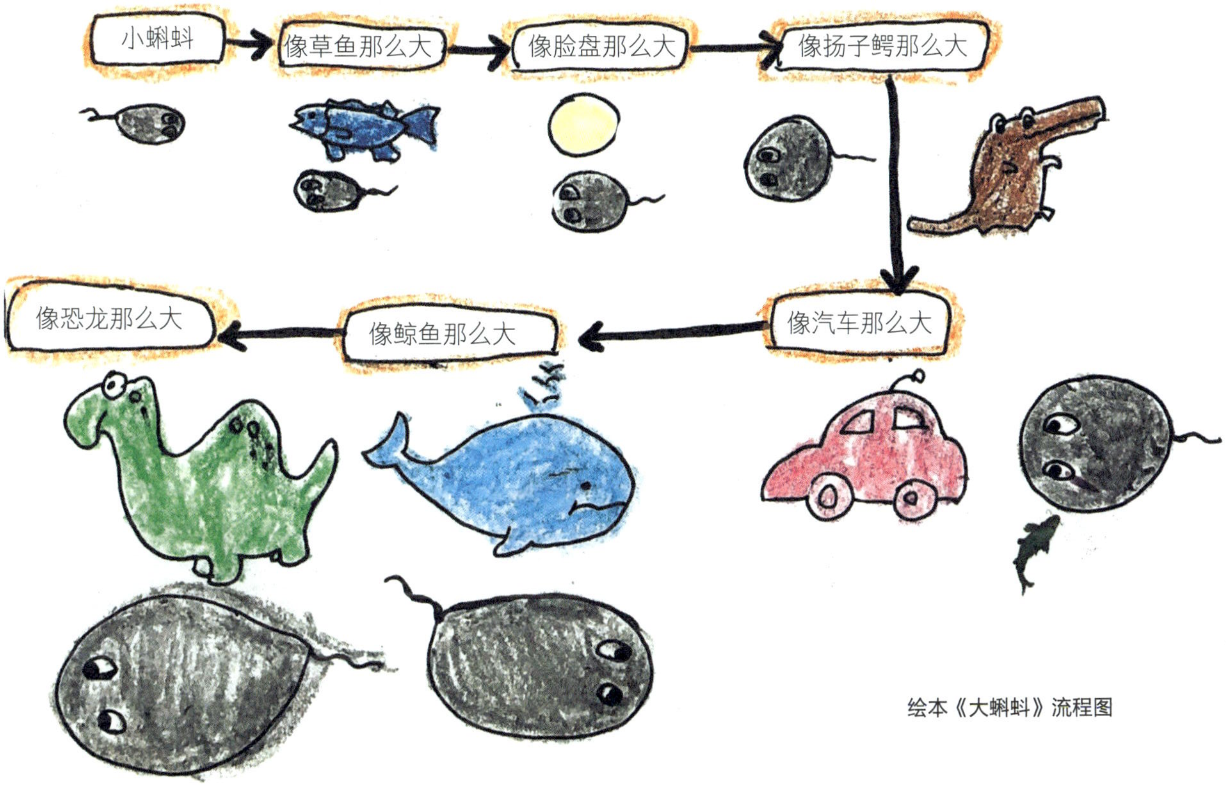

绘本《大蝌蚪》流程图

在绘本《一寸虫》中，随着故事情节的发展，一寸虫依次量了各种不同动物的身体，家长也可以带着孩子用流程图来表达这个过程。

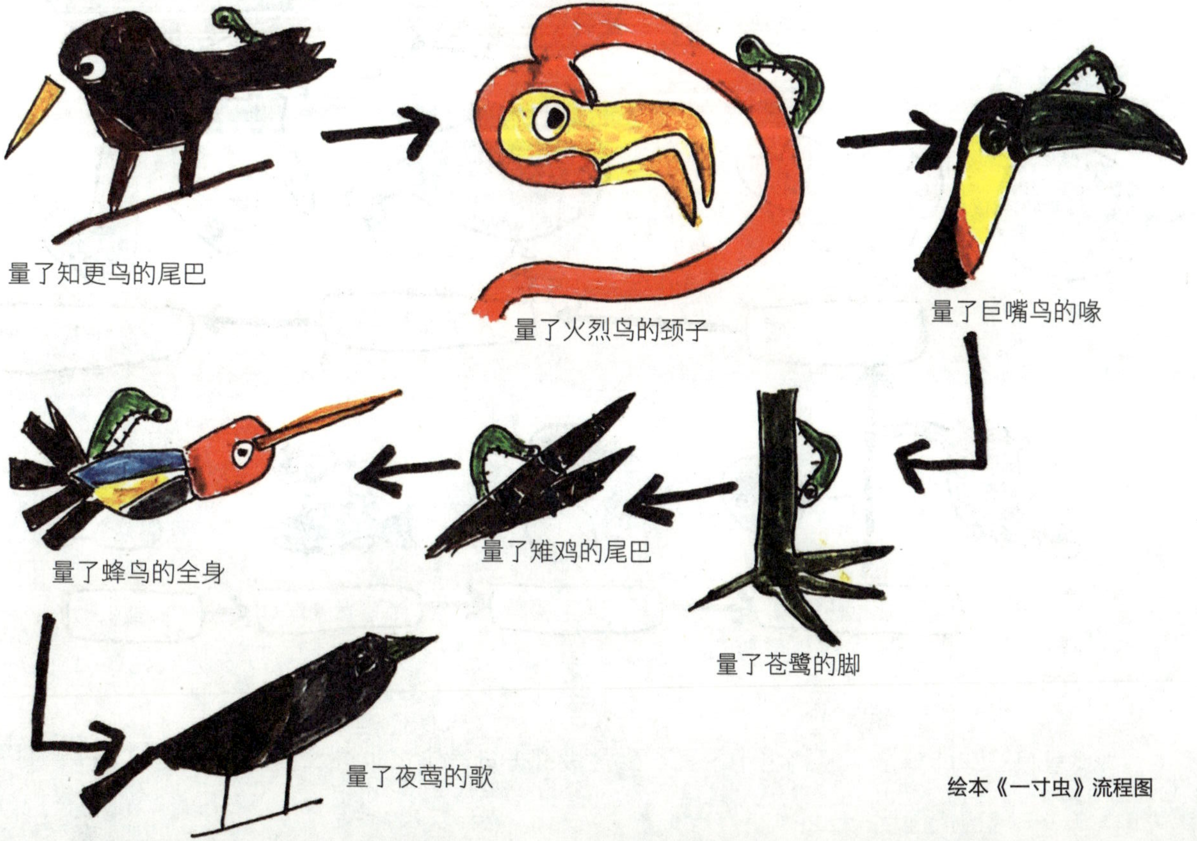

绘本《一寸虫》流程图

脑力练习

读下面这段文字，用流程图绘制出来。

国庆期间，我和爸爸妈妈去了北京旅行。第一天，我们先参观了天安门广场。然后，爸爸妈妈带我去了中国国家博物馆，里面有很多珍贵的文物，我们逛了整整一天。第二天，我们去了故宫，它是世界上现存规模最大、保存最为完整的木质结构古建筑之一，朱红色的宫墙和各色琉璃瓦件令人目不暇接。第三天，我们去爬了长城，虽然很累，但是爬上长城的那一刻我感到无比骄傲和自豪。第四天，我们去了南锣鼓巷，逛了很多北京特色小店。第五天，我们结束了旅行，满载而归。

用于表达因果关系

弄清楚事情的因果关系对于孩子明辨是非有很重要的意义。因，即原因，为什么这件事情会发生。果，即结果，则是发生这件事情后造成的影响。多重流程图可以用来表述因果关系。

在绘本《长颈鹿不会跳舞》中，这只失落的长颈鹿经历了命运的起伏，那么它为什么不会跳舞呢？它不会跳舞又导致了什么结果呢？可以带着孩子用多重流程图来绘制这个故事。

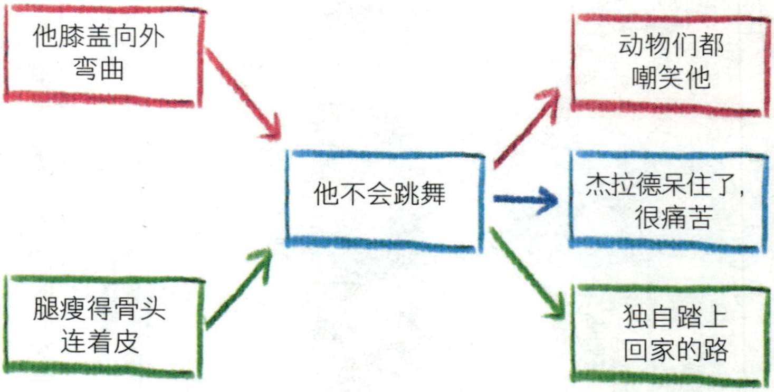

脑力练习

读下面这段文字，用多重流程图表达因果关系。

雨的形成有多重因素。在自然界中，海洋或者地球表面的水分被蒸发成水汽，并在大气中上升时变凉。许多水滴在天空聚集并形成了云，当云中的水滴聚集得越来越多，最后因为太重而不能继续飘浮在空中时，它便从云层落到地面变成了雨。下雨的时候我们要打雨伞，植物受到雨水滋润时会吸收水分成长，有的时候下雨后天空还会出现彩虹。

用于排比联想

当在书中读到跟自己的经历相似的事件或相似的情感时，我们会与作者产生共鸣。这种共鸣会唤醒我们生活中的一连串回忆与联想。桥状图正好可以用来帮助我们产生类比的联想。

在绘本《兔子萝里》中，我们由动物与食物的关系，联想到兔子与青草的关系，也正如狗与骨头的关系一样，并由此引发一长串排比联想。

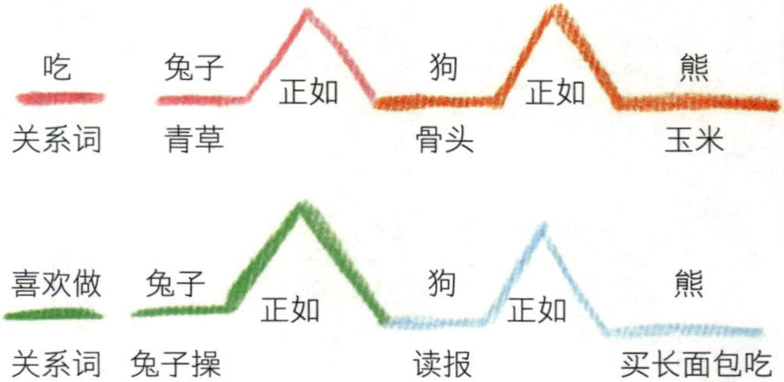

脑力练习

读下面这段文字，联系生活实际做排比联想，用桥状图绘制出来。

小鸟离不开天空，因为天空给了它飞翔的自由；鱼儿离不开海洋，因为海洋给了它溯流而上的勇气；雄狮离不开森林，因为在森林里，它拥有王者的风范……

03

用思维导图拓展词汇量

词汇学习6步法

思维导图也可以用来做词汇拓展练习。美国教育学家罗伯特·马扎诺（Robert Marzano）提出词汇学习可以分为以下6步：

• 准确地解释、描述一个新的词，并且能举例。例如：讲故事、播放影片、直接描述这个词语、用图片描述这个词语。

• 让孩子自己来解释、描述这个词，并且举例，在这个过程中使用他们自己的语言和知识。例如：让孩子自己来做一个相关的演讲。

• 让孩子用画图或者做图表的方式来表达这个词汇。例如：让孩子用彩笔画图、在电脑上找到这个词汇的图片。

• 重复不断地组织各种活动，帮助孩子加深这些词的印象。例如：让孩子写出前缀、后缀，写出同义词、反义词，给词分类。

• 让孩子使用这些词语——不断地让孩子跟其他人讨论这些词。例如：让孩子把画出的图跟其他人解释、和孩子讨论他的定义与字典定义有何不同。

• 让孩子在游戏里反复使用这些词。例如：宾果游戏、彩虹字游戏、用词卡挂袋。

如果孩子在学习词汇的过程中，慢慢掌握了词的用法，并且能轻松运用到生活中来，就说明已经真正掌握了这个词语。同样，我们也可以将罗伯特·马扎诺提出的词汇学习6步法和思维导图、组织图结合起来学习词语，无论是学习中文还是英文这些方法都有用。

用于头脑风暴

很多孩子一到写作文的时候，就常常觉得自己词汇匮乏、灵感枯竭、绞尽脑汁。面对这种困境，我们可以用圆圈图来帮助孩子拓展思维，甚至可以让孩子在圆圈中画图，这样会让积累词汇的过程变得十分有趣。比如，在学习“季节”这一词汇时，家长可以和孩子一起头脑风暴一下跟“季节”相关的词语：

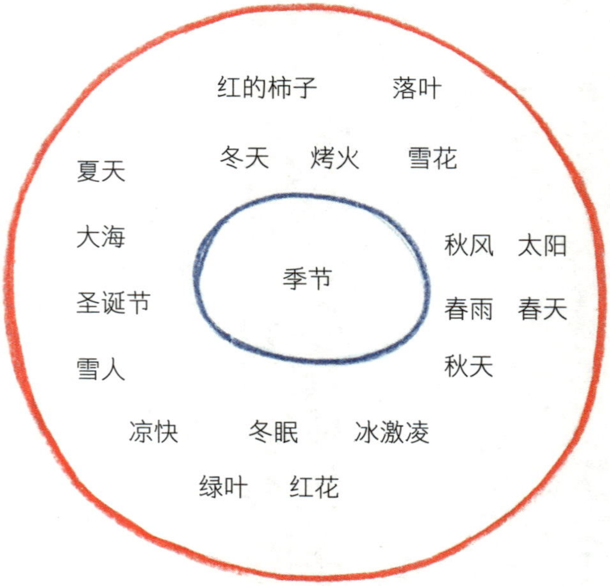

脑力练习

我们要做一项关于世界各地风俗文化的社会科学研究。请你选择一个你想研究的国家，头脑风暴出所有与这个国家相关的词语，然后用圆圈图表达出来。

用于分类

头脑风暴以后，圆圈图里填满了各种各样的词语。此时，带着孩子一起将词语分类，可以让思维变得更加清晰。以前面的“季节”为例，可以用树状图将部分词语做如下分类：

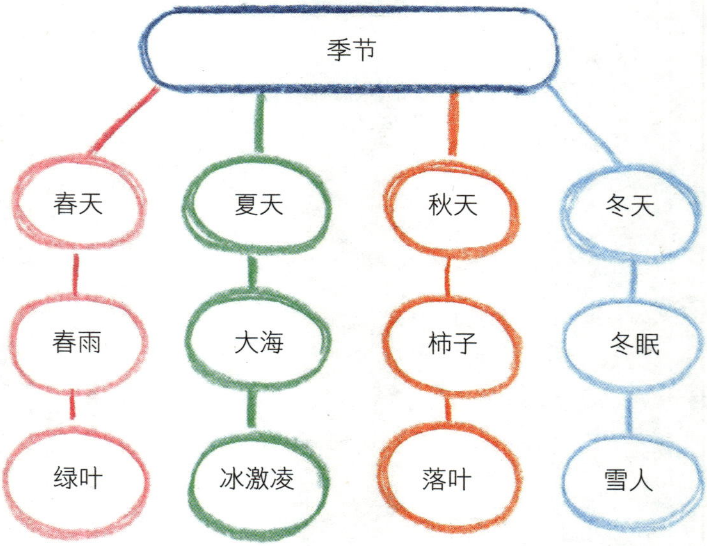

脑力练习

把前面头脑风暴出来的关于某个国家的词用树状图分类，可以从地理状况、节假日、风俗人情、美食文化等方面分类。

用于组词

汉字有着妙不可言的结构。部首是汉字特殊的一部分，为东汉许慎首创。许慎在《说文解字》中把形旁相同的字归在一起，称为部。每部把共同所从的形旁字列在开头，这个字就称为部首。如木、杜、李等字都属“木”部，“木”就是部首。学习汉字时可以巧妙地利用部首来组字进而组词。我们可以用树状图来举例：

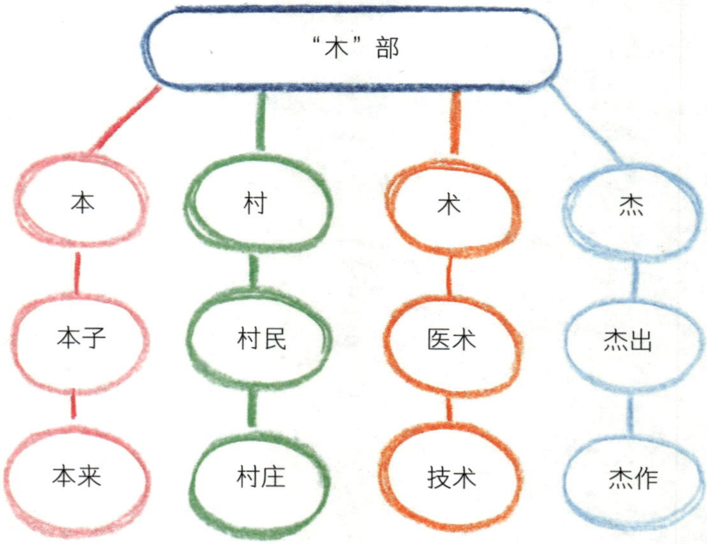

脑力练习

根据“部首”→“字”→“词”的规律，用树状图描述“冫”部的组字、组词情况。

用于比较词语

在学习同义词、反义词，或是遇到较难解释、容易混淆的名词时，可以用双重气泡图来直观地进行比较。

下面我们用双重气泡图来比较一下“必需”和“必须”两个词语的相同和不同。

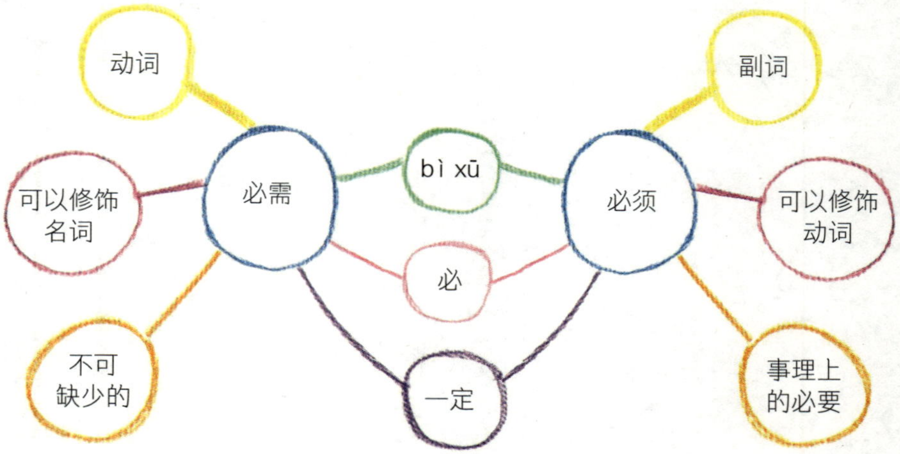

脑力练习

请用双重气泡图比较一下“开心”与“难过”两个词。

用于英文拆词、组词

基于历史原因，英文词汇中有来自拉丁语、希腊语以及其他语言的词根与词缀（前缀、后缀），还有很多词语是由复合词组成的。掌握一些常见的词根、词缀，对记忆英语词汇有很大的帮助。用环抱图来分解英文单词可以让孩子熟悉词根、词缀、复合词的整体与局部的关系。

下面以复合词“cupcake”和“sunflower”为例拆词：

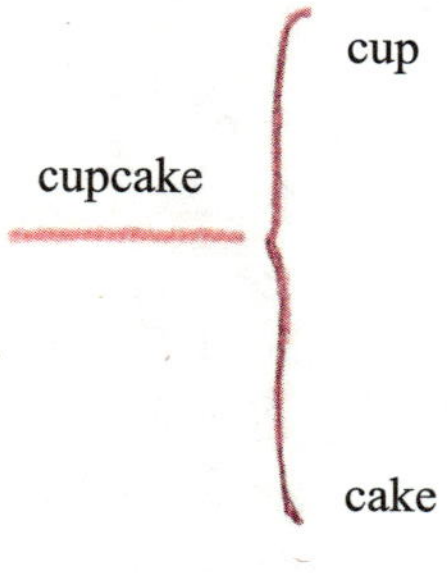

在复合词拆词的基础上，还可以拆得更加细致：

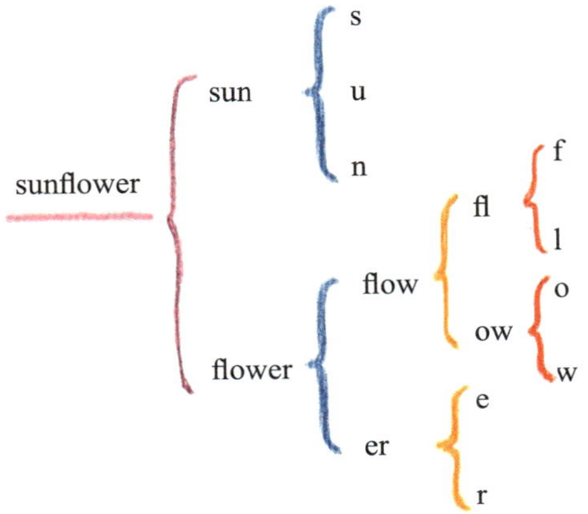

除了拆词以外，还可以用多重流程图组词。例如给词语加上后缀：

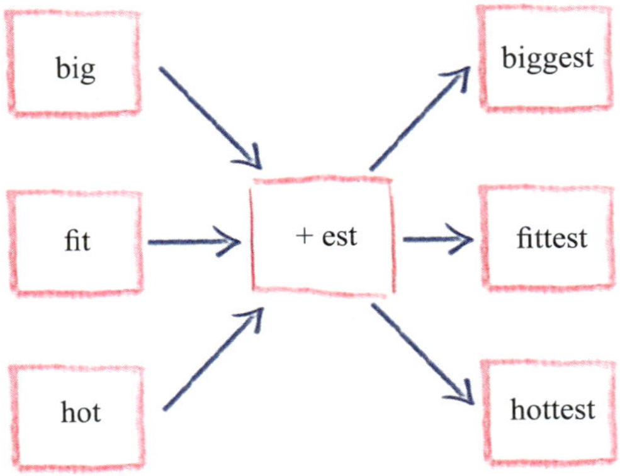

还可以用桥状图来表示词根：

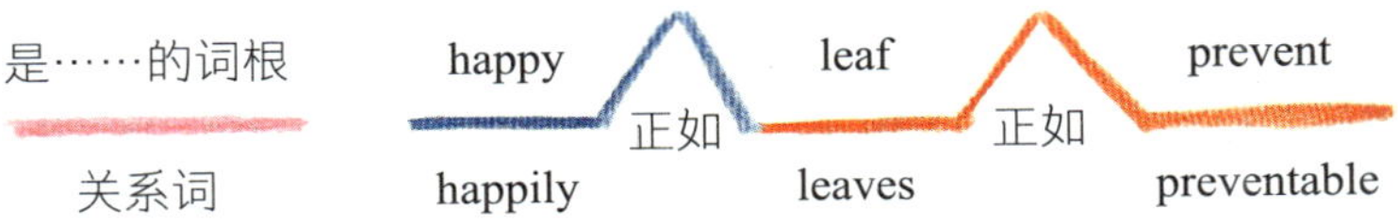

脑力练习

（1）请你用环抱图拆词缀：teacher，appointment，unforgettable。

（2）请你用多重流程图组词，至少组4个。

（3）请你用桥状图表示词根，至少3个。

用于造句

泡泡图可以用来造句，在主题泡泡上写句型，在属性泡泡上写上合适的形容词。

比如，用“好朋友应该是……”造句，画成泡泡图如下：

脑力练习

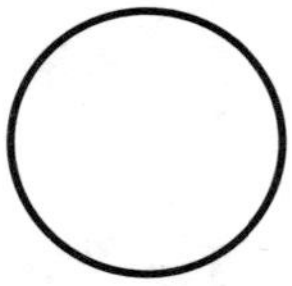

请你造一个句子（比如：我有一个__________的妈妈），并且写上至少6个形容词，然后用泡泡图表达出来。

用于拓展高级词汇

在写作的时候，我们常常会强调用到高级词汇，这样的词汇会给你的作文增光添彩，让句子变得生动。圆圈图是一个拓展高级词汇的好方法。

以“好看”这个词为例，通过泡泡图拓展出4个高级词汇：

脑力练习

请你选一个词，并且拓展出4个高级词汇。

用于拓展反义词

使用桥状图可以用来不断拓展反义词。

以“大”“小”为例，拓展反义词。

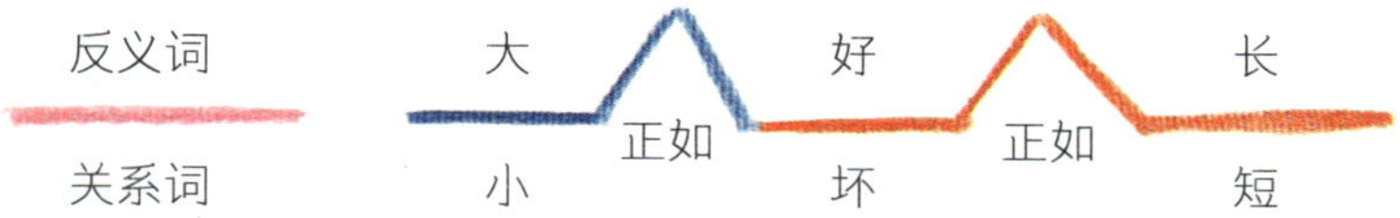

脑力练习

请你用桥状图列出更多的反义词。

组织图词汇练习

词语四字格

在美国学校里，老师常常使用词语四字格这一方法来帮助母语不是英语的孩子学习语言。

使用词语四字格的具体方法如下：

- 在一张纸的中央画一个圆，先留出适当空间，然后再在圆的周围简单画出4个格子；
- 中间的圆里填词语；
- 四周的格子里，每个格子有不同的练习内容——例如画图、找近义词/反义词、造句、给词语定义。

四字格可以作为罗伯特·马扎诺的词汇学习6步法（参见前文第78页）的第二步来让孩子练习。

词语四字格

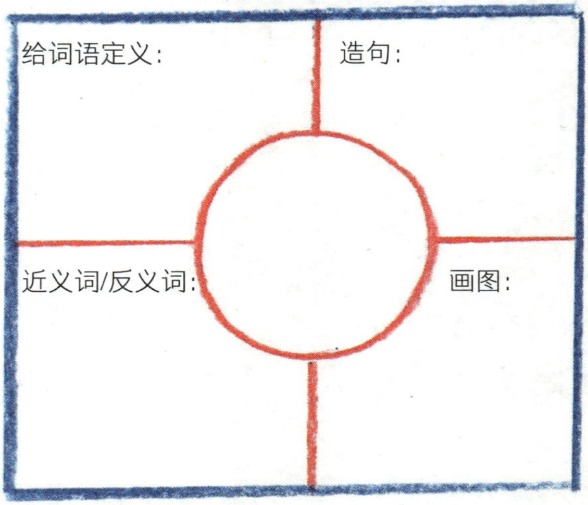

词语地图

1985年，美国教育学家施瓦兹（Schwartz）和拉斐尔（Raphael）提出了词语地图的概念。词语地图通过提问来启发孩子的批判性思维——“这是什么”（给词语分类）、“它是什么样子”（词语的性质）、“如何举例”（给词语做说明）。

下面用词语地图来定义“酸奶”。

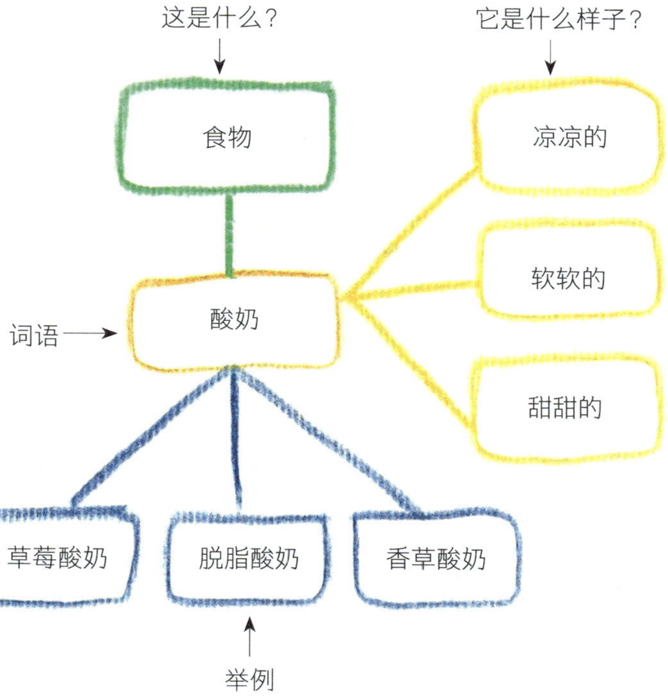

这样，孩子根据词语地图就可以总结出酸奶的定义了：

酸奶是一种食物。它凉凉的、软软的、甜甜的。在市场上我们可以买到草莓酸奶、脱脂酸奶和香草酸奶。

脑力练习

请你用词语四字格定义“勤劳”。

脑力练习

请你用词语地图定义“寿司”。

04

用思维导图提升写作力

美国小学的思维写作

在美国小学，思维写作已经成为一种流行的写作训练方法。美国小学的写作教学方法和中国小学很不一样。中国的小学老师在教写作时大多更注重一篇文章的要素和结构，或者是关注范文解析和修辞手法运用。而美国小学老师更注重写作思维和写作技巧，每一个步骤都讲解得清清楚楚，让孩子开始写作时心中有框架、有素材。遇到不同的题材，该选用什么样的方法，该遵循什么样的步骤，孩子都了然于胸。

在这一章里，我将向大家介绍美国小学老师是如何教孩子思维写作的，以及不同题材常用的写作方法。

写作的步骤

写作一篇文章基本可以分为5个步骤：构思、打草稿、修订、编辑、发表。

下面用流程图来呈现写作的步骤：

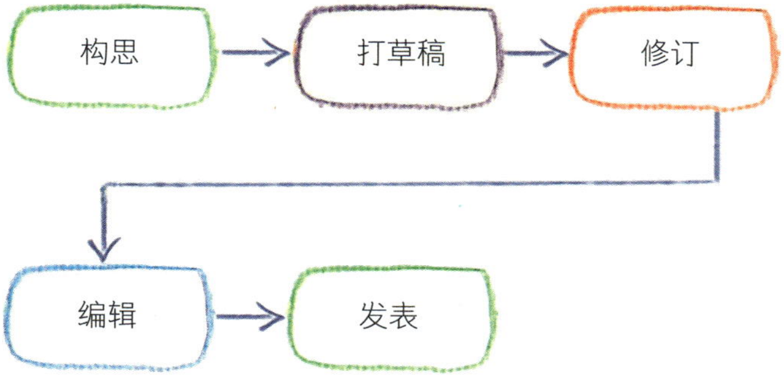

构思

构思是在打草稿之前的重要一步，它奠定了整篇文章的基础。构思时需要想明白：你要写什么？细节是什么？你的读者是谁？

“定义读者”，这对于很多孩子来说是个比较陌生的概念。了解读者很重要，因为它决定了文章会以哪种形式呈现，以及呈现哪些内容。

例如，孩子在写一篇信息类文章，文章的题目是《怎样打篮球》，而读者就决定了写作的内容。读者是一个刚入门的篮球爱好者，还是一个技艺精湛的篮球运动员？如果读者是入门级的篮球爱好者，你可以从篮球运球的基本技巧、篮球的基本规则入手。而如果读者是技艺精湛的篮球运动员，写的内容就应该侧重于篮球技术的提升与窍门。

构思阶段主要由以下三大块组成：

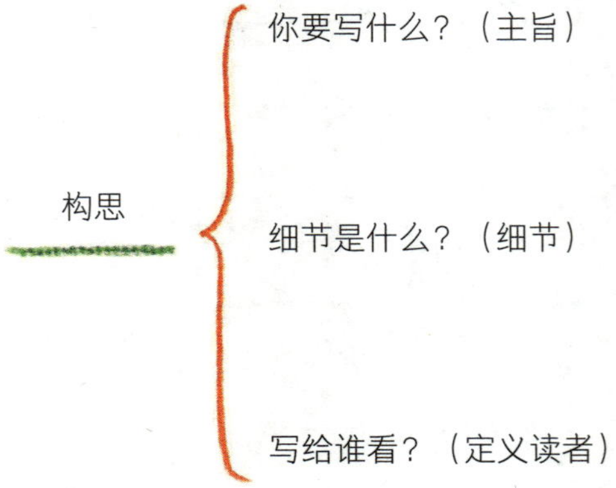

构思的思维方法可以分为两步：

- 用圆圈图做头脑风暴。
- 用树状图来梳理思路。

以“冬天”为例。首先，用圆圈图头脑风暴出所有与“冬天”有关的细节。

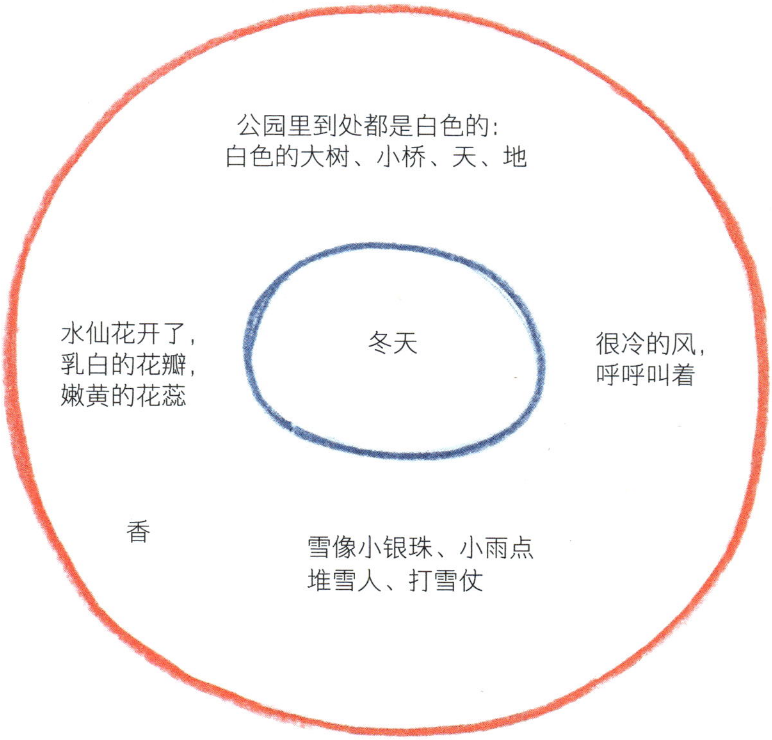

然后，用树状图把文章重新组织架构，分清楚每个段落的中心思想和细节：

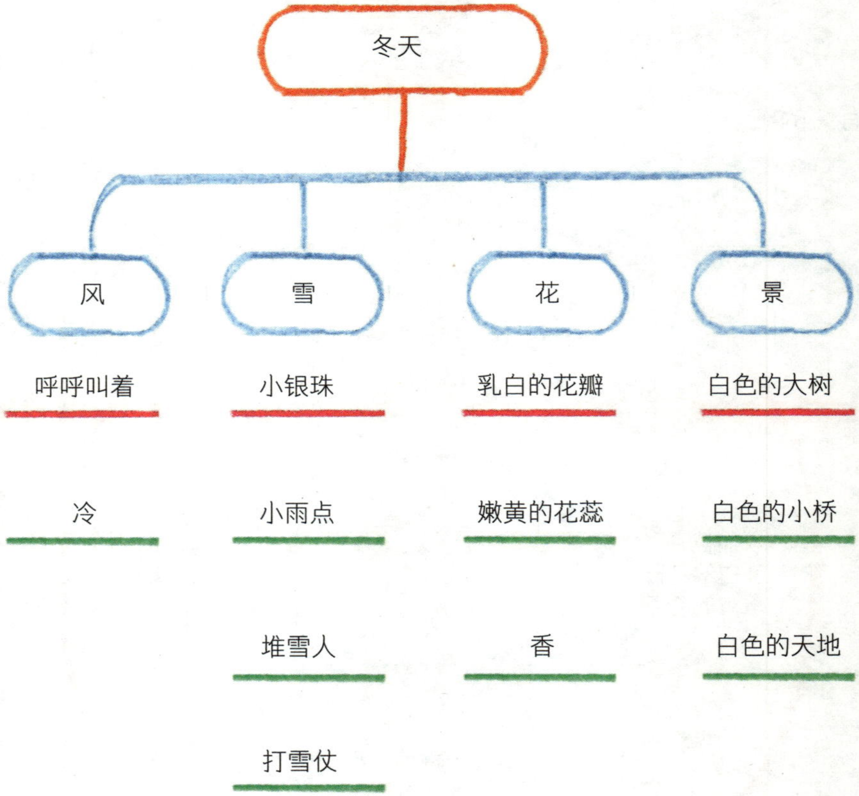

打草稿

一旦构思完成，接下来就可以打草稿了。根据不同的文章类型，可以选择不同的结构来完成文章段落。

同时，在写作的时候，也要考虑文体的类型以及选择语言风格。

打草稿的时候，我们最注重的是“行云流水般的思维”。也就是说，在写作的时候，最好不要过多地考虑错别字和语法，如果每次遇到不会写的字就停下来，或者去查字典，反而会影响整体的思路。

这就是很多美国幼儿园的小朋友刚学会字母就可以开始写作的原因。他们把平时常听、常说的词语用嘴巴念出来，按照自己心中的想法把词拼出来，不管单词对错，只要能拼出句子，就能流畅地表达自己心中的想法。

能力较强的孩子则可以把文章一气呵成后，在后面的修订和编辑步骤中慢慢打磨。

每种文体都有不同的结构要求，后续章节中我会具体讲到。顺序一般是这样的：

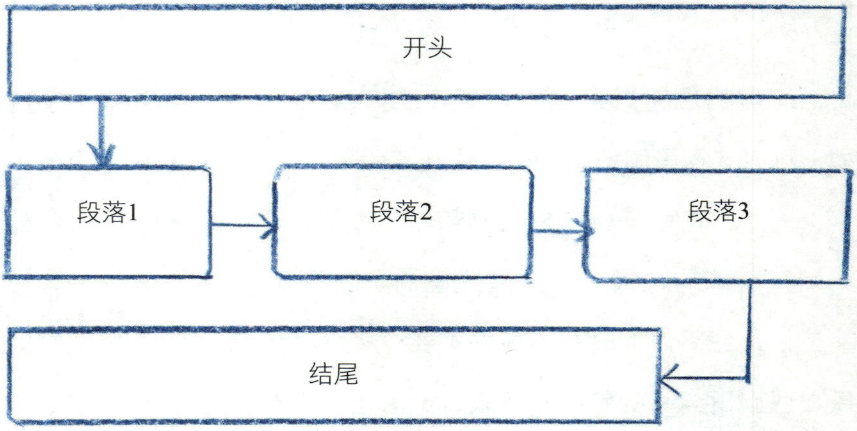

将我们在第一步中构思好的内容填入：

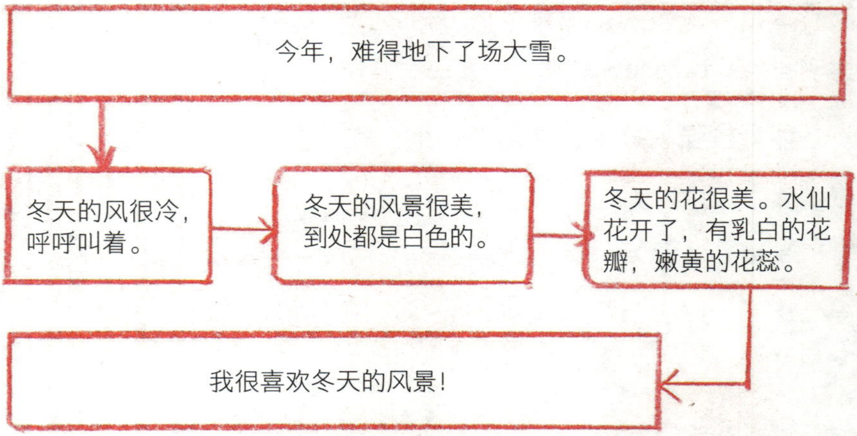

根据构思，写出草稿：

今年，难得地下了场大雪。

冬天的风很冷。它一个劲儿在大地上狂笑，手胡乱挥舞着，时不时插进人们的脖子。它尖叫着，用极快的速度穿梭、飞跃，很豪放，也很有个性。

冬天的景很美。那个小花园在下雪后简直成了童话世界。白色的大树，白色的小桥，白色的地，白色的天，构成了一个白色的天地。

冬天的花很清雅。虽说我没见过傲雪的蜡梅，但恬静的水仙我是见过的。乳白的花瓣众星拱月般地裹着几根嫩黄嫩黄的花蕊，小巧玲珑。它虽然没有牡丹那么热情，没有玫瑰那么芳香，却也不比其他的花逊色。

我很喜欢冬天的风景！

修订

在这个阶段，我们告诉孩子，需要回过头来重新审题，看看写出来的初稿是否实现了原定的目标。停止写作，回到构思阶段，重新审读所有的内容，如果发现跑题了，还可以重新修改。

此时需要持续不断地审读已经写好的内容，挖掘不一样的想法。这个时候可以让其他人（朋友、老师、父母）来看看草稿，提出修改的意见，看看他们对文章的反馈，进而帮助自己修改。

告诉孩子可以一边修订，一边问自己下面这些问题：

• 谁会读我的文章？他们会觉得有趣吗？

• 我的开头是不是很吸引人，会不会让读者想读下去呢？

• 我在主要段落和结尾段落使用过渡句了吗？

• 我的句子会不会在读者脑海中形成画面，他们能理解我所表达的意思吗？

• 我的文章有没有跑题？

• 我所有的句子都通顺吗？

• 我是否使用了准确而生动的词语来让我的读者享受阅读呢？

• 我有没有过多重复一个词或者一个句子？

• 我的结尾给故事画上一个完美的句号了吗？

>> 彩色分层次法

将文章分好层次也很重要。我们可以用彩色分层次法来帮助孩子看文章的结构和内容分配是否合理。下面为彩色分层次法3部曲：

- 确定主题观点。
- 回头去重读文章，用彩笔把相似的内容画上相同颜色的线。
- 将相同颜色的段落重新分类，可以写到不同的纸上，然后再添加更丰富的内容。

>> 加入更多细节

写完之后我们可以在每个部分加入更多细致的细节，让文章内容更丰富。例如：

- 加入更多生活中观察到的例子。
- 加入一个调查研究中的论据。
- 加入自己的个人经历。

编辑

编辑文章时我们常常会用到一个叫作写作清单（checklists）的东西。美国一位叫阿图·葛文德（Atul Gawande）的医生作家曾经写过一本书——《清单革命》（*The Checklist Manifesto*），书里提到他曾经给8家医院介绍过使用清单来提醒人们注意事项。结果显示，这些医院的手术并发症减少了36%，死亡率减少了47%。清单就是一个可以运用在各行各业的万能工具，既可以提醒人们记得他们已经知道的事情，还可以让他们时刻想起自己的目标。

斯坦福学习中心SCALE研究表示，对孩子而言，清单比打分和评估更有用，它可以帮助孩子自我检查、避免错误。记住，清单是用来帮助孩子检查是否掌握技能的，而不是用来教授新知识的。

写作清单有各种各样的模式，至于选择哪种应根据写作目的而定。有的写作清单是严格按照教学大纲制定的，有的写作清单是老师根据上课时积累的经验而定的。

这里有一个小秘诀：在实际运用中，可以把这些长长的写作清单进行拆解。比如，在训练孩子掌握标点符号时，就可以单独拿出这部分的清单，让孩子每次写完以后对照清单看看有没有达到目标。记住，欲速则不达，一步一步脚踏实地攻关才是最佳选择。

修订阶段主要用于修改文章的框架，而编辑阶段着重于修改语法，可以从以下几个方面来检查是否做到位：

- 每个段落的开头我都点明了中心意思。
- 每个句子结尾都有标点符号。
- 我检查了自己的文字，确保没有错字。

“缺哪儿补哪儿”的写作清单也常常被用到。这种清单可以用来攻坚，了解孩子在写作上还存在哪些不足。下面是中文写作入门清单：

中文写作：我做得怎么样？	符合要求	不符合
我的段落开头空两格： □□我喜欢猫。		
我的结尾使用了句号： 我喜欢猫。		
我的句子中间使用了逗号： 我除了喜欢猫，还喜欢狗。		
我会正确使用其他标点符号： ！？、：——“”《》（）		

常用的中文标点符号的用法：

序号	标点符号	标点符号名称	用法
1	，	逗号	表示一句话中间的一般性停顿。
2	。	句号	用于一句完整话的最后停顿。
3	？	问号	表示一个疑问句末尾的停顿和语气。

续表

序号	标点符号	标点符号名称	用法
4	!	感叹号	用于表示强烈感情的句子末尾的停顿和语气。
5	:	冒号	表示提示性话语之后的停顿。
6	;	分号	表示停顿，一般用于比逗号大、比句号小，复句间较大的停顿。
7	“ ”	双引号	用于直接引用别人的话、书上的话、人物的话等。
8	、	顿号	表示句子中并列词语之间的停顿。
9	( )	括号	表明文中注释的部分。
10	——	破折号	表示出现种种不同的语境、情态和语法意义。
11	……	省略号	表示由于种种原因省去的内容，达到便于记叙的目的。
12	《》	书名号	表示书名、篇名、报刊名、文件名、戏曲名、图画作品名等。
13	.	着重点	表示文中特别重要，需要注意的字、词、句。
14	·	间隔号	表示时间、民族、书名、人名之间的分界。
15	-、—、~	连接号	表示时间、地点、数目等起止的标点。
16	____	专名号	表示人名、地名、国家名等。

常用的编辑符号表：

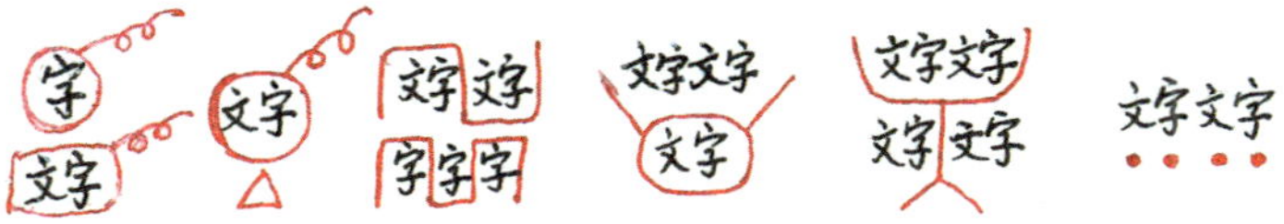

中文和英文的写作要求也不一样，下面是最基础的英文写作清单：

英文写作：我做得怎么样？	符合要求	不符合
我做到了开头第一个字母大写： I like the cat.		
每个单词之间有一根手指的距离： I like the cat.		
我的结尾使用了句号： I like the cat.		
我会使用单词小写： I like the cat.		
我会正确使用其他标点符号来结尾： . ! ？		

发表

写作的最后一个环节就是发表。有意思的是，与其说是“写完了这篇文章”，不如称之为“小作家发表了一篇文章”。

为了激发孩子对写作的信心和兴趣，我们还可以为孩子举行发表派对，让家人和朋友都来阅读这篇文章，并且一起庆祝。此刻就成为一个亲子阅读环节。家长可以骄傲地拿起孩子写好的文章，让孩子给自己读一遍，家长可以一边听一边赞美。

我的建议是，家长一边听，一边说出3处自己欣赏的地方。

- 如果孩子的开头写得非常吸引人，家长可以说：“我很喜欢你的开头！”
- 如果孩子的用词准确生动，家长可以说：“你这个形容词用得太好啦！以后可以多运用一些类似的词语，好吗？”
- 如果孩子写的人物非常有感染力，家长可以说：“你写的人物栩栩如生，就像站在我面前一样！联系生活实际写的文章最能打动人心。”

在家长的鼓励下，孩子会在写作上更有动力，而这些被表扬的地方，也会慢慢成为孩子日后的闪光点。

不同文体的写作

在美国小学，写作类型有很多种，在这里我们只介绍常见的3种——观点写作、信息类写作、叙述性写作。

在我工作的学校，小朋友一整年写作训练的顺序是：叙述性写作——信息类写作——观点写作。

这个教学顺序可以帮助孩子：

• 首先进行叙述性写作训练，这个时候孩子将学会描述一件事情或是讲一个故事。

• 然后进行信息类写作训练，孩子要像写说明文一样客观地传递信息，例如写一个做饭指南、介绍一种物品等。

• 最后进行观点写作训练，孩子将要学习如何表达自己的观点，更进一步的要求是孩子学会用自己的观点说服他人。

叙述性写作

叙述性写作可以写一个真实的事件，也可以写一个故事。

>> 低年级写作

我们可以用8大思维图示中的圆圈图来做头脑风暴。

第一步：我们用圆圈图头脑风暴出关于这个事件的点点滴滴。对于幼儿园到小学二年级的孩子，可以用流程图来进行写作：

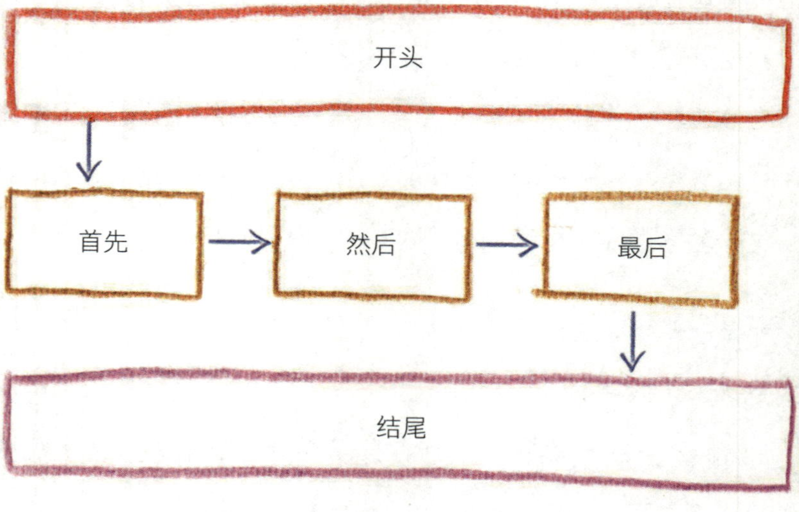

第二步：组织段落顺序，并且给每个段落至少增加3个细节：

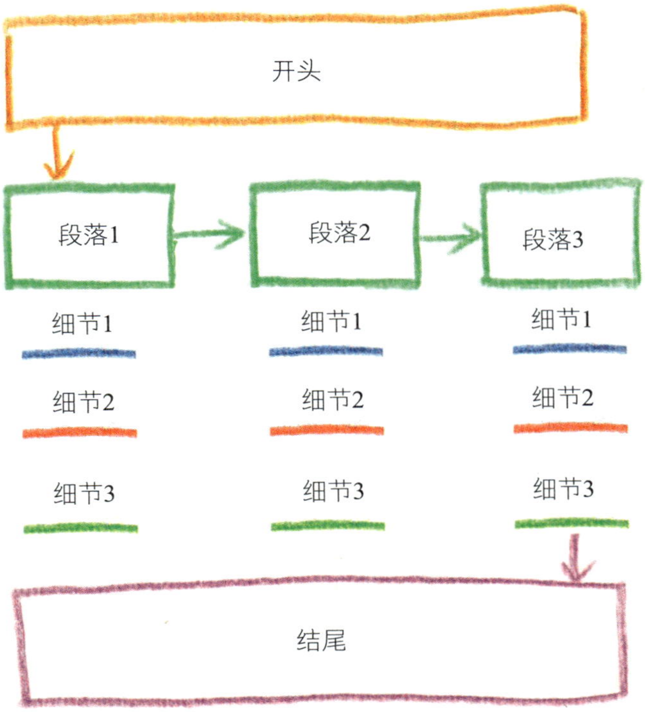

>> 高年级写作

对于高年级的孩子来说，在叙述性写作的构思阶段，首先要思考一个“5W”的问题，即“Who”（谁）、“Where”（在哪里）、“Why”（为什么）、“When”（什么时候）、“What”（做了什么）。然后，在写故事的时候，我们需要思考两个问题：

一是这篇文章中有什么矛盾，二是人物的目标是什么。

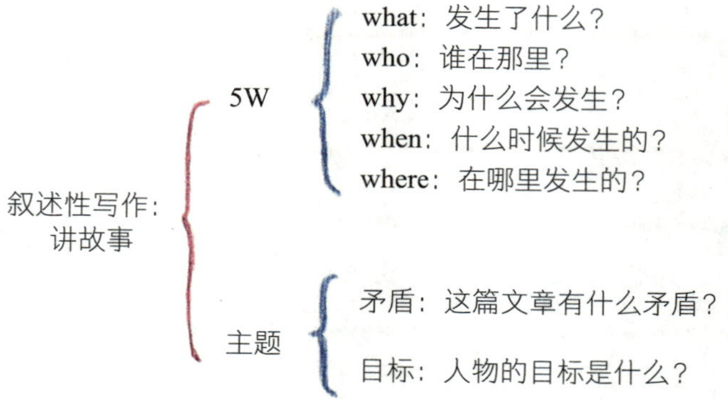

可以按照下面的思维方式来进行写作：

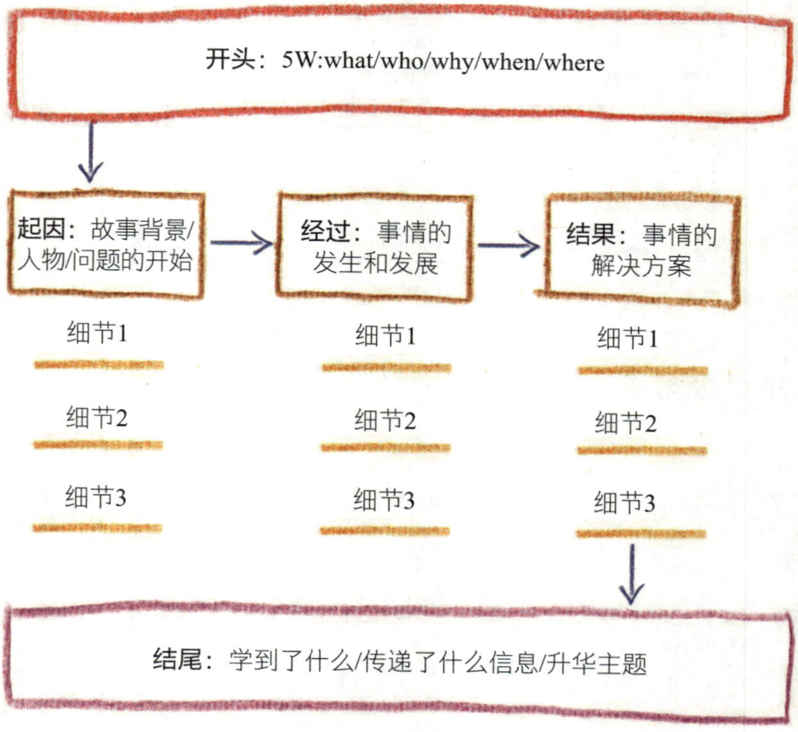

举个写作的例子：

有一天，我和果果在去学校的路上，碰到了一个很可怕的人，我们经过一番努力，最后成功摆脱了这个人。我想要描述这件事情，所以先用圆圈图把关于这件事的细节部分构思出来。

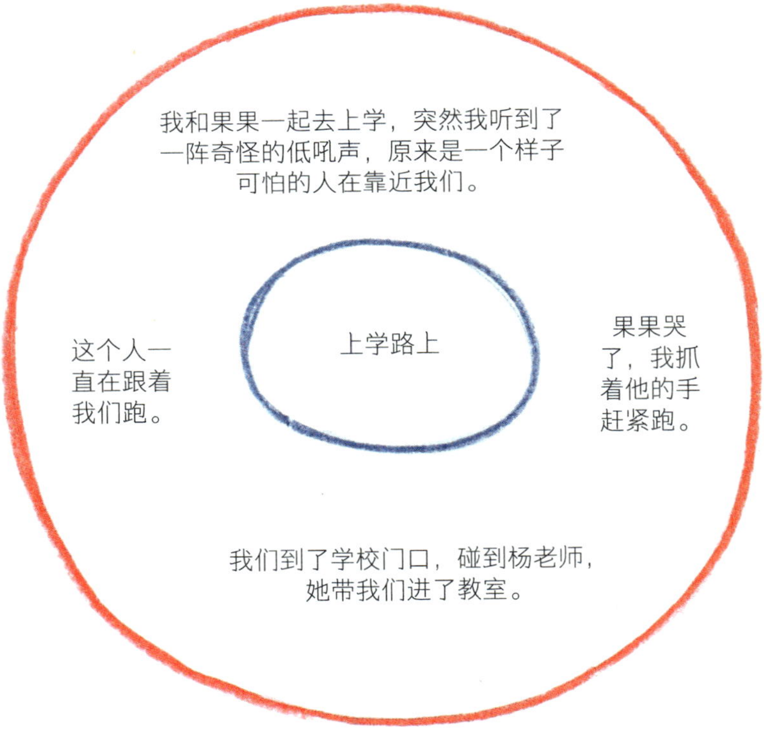

把圆圈图的内容按照时间顺序重新组织，得到了下面的流程图。

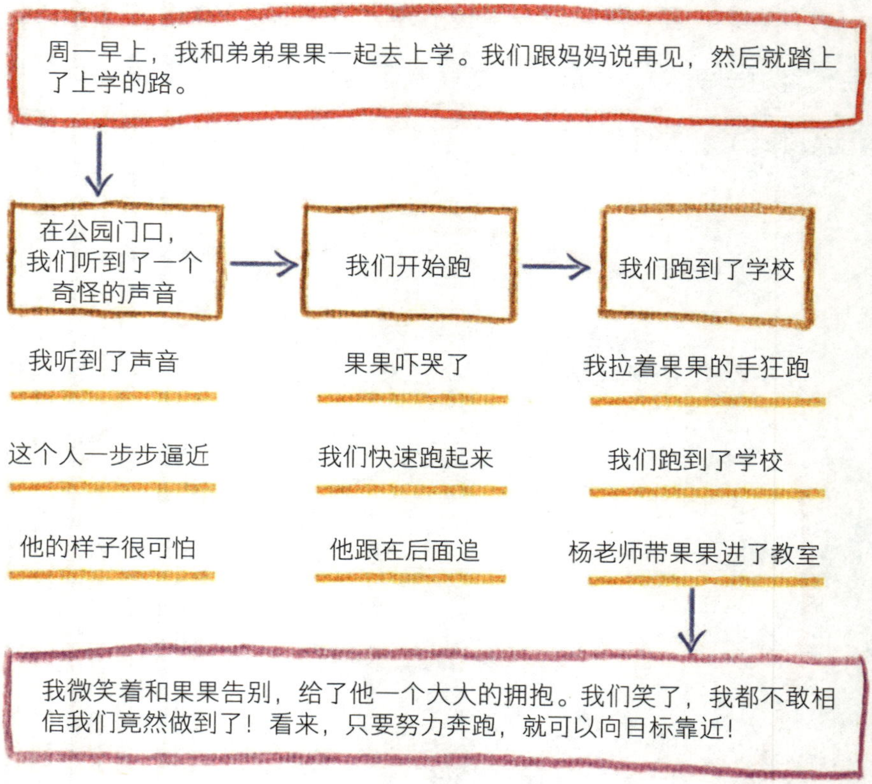

在这篇文章中，几个重要因素如下：

- 做了什么：我们踏上了上学的路
- 谁：我和果果
- 为什么：我们要去上学
- 什么时候：周一早上

- 在哪里：公园门口
- 问题/矛盾：有一个可怕的人追我们
- 目标：摆脱这个可怕的人
- 解决方案：跑到学校，找杨老师
- 升华：只要努力奔跑，就可以向目标靠近

完成图表以后，把所有的细节连起来就写成了初稿。这里有一个彩色写作法的技巧：

- **绿色**：首段，表示主旨和开头，表示继续前行。
- **紫色**、**黄色**、**蓝色**：用来写中间段。
- **红色**：用来写尾段，表示停止。

彩色写作法可以一目了然地查看每个段落的字数与整体结构，看看分配的比例是否合适，由此做出结构调整。

写出范文如下：

周一早上，我和弟弟果果一起去上学，这是果果第一天上学，所以我要带他去。我们跟妈妈说了再见，然后就踏上了上学的路。

走到我们每天要路过的一个公园门口时，突然，我听到了一个奇怪的低吼声。我问果果："你听到那个声音了吗？"果果害怕地点点头。我转身望去，发现一个样子可怕的人冲着我们低声

吼叫。那个人衣着破烂、头发凌乱、目光凶狠，他一边叫，一边慢慢向我们靠近。

果果被吓哭了。我握紧了果果的手，轻声说：“别怕，有我在。”我带着果果撒腿就跑，那个人也跟着跑起来。

我们越跑越累，满头是汗。果果带着哭腔说：“好累啊！我跑不动了！”我鼓励果果：“马上就到学校了，再坚持一会儿！”我们刚跑到学校门口就碰到了杨老师。她笑眯眯地招呼果果进教室。果果终于笑了！

我微笑着和果果告别，给了他一个大大的拥抱。我们笑了，我都不敢相信我们竟然做到了！看来，只要努力奔跑，就可以向目标靠近。

最后，我们用叙述性写作清单来检查自己的文章，逐一修订和编辑。

下面是美国小学五年级的叙述性写作清单，如果是针对低年级的孩子，可以适当降低写作的难度。

	叙述性写作清单	符合要求	不符合
	结构		
总体	·我讲了一件很重要的事情。 ·它可以是一个故事，也可以是一个真实的事件。		
开头	·我写了一个开头，包括发生了什么、在哪里。 ·我的开头给出了线索，暗示接下来要发生的事情。		
过渡	·我用了各种过渡词来表现时间顺序（比如：同时、几个小时以后，在那天早上）。		
结尾	·我的结尾与开头相呼应。 ·通过故事，主要人物说了、做了或者了解到新的事物。		
组织	·我有不同的段落或者章节。 ·根据故事的需要，有的章节内容要比其他章节更丰富。		
	发展		
描述	·我的故事里面有人物、背景设定、情节。 ·我使用了很多描述性文字，如对话描写、动作和心理描写。		
技巧	·我写了我的人物做了什么，包括他们的想法和他们对所发生的事情的反应态度。 ·我的故事是有重点和层次的。 ·我用了精确的语言来给读者展示故事和人物的事件。 ·我的句型变化多样，制造一定的文学效果。		
	用词		
拼写	·我用词准确。 ·我用词典来找词。		
标点符号	·我使用了逗号来分隔我没有说完的句子（例如：有一天，我去公园……） ·我使用了句号来结束一个句子。		

信息类写作

还记得小时候耳熟能详的“总分总”结构吗？在国内，语文老师常常是这么教的：“开头提出论点，中间若干分论点，结尾总括论点。”其实在美国学校，我们也使用类似的概念，只不过冠以一个好听又“好吃”的名字——“汉堡包”作文。

“汉堡包”作文的运用有多种方式，还可以用组织图中的“汉堡包”结构图来帮助我们检查文章的结构，下面我们一起来看看如何运用这个神奇的汉堡包。

汉堡包最上面一层是面包，接着是一层绿叶，然后是一层西红柿和一层肉，最下面一层是面包。常见的汉堡包结构是这样的：

这样的结构正像我们“总分总”的作文结构：开头、3个细节和结尾。很熟悉，对不对？

根据汉堡包的结构，我们设计的“汉堡包”作文组织图如下：

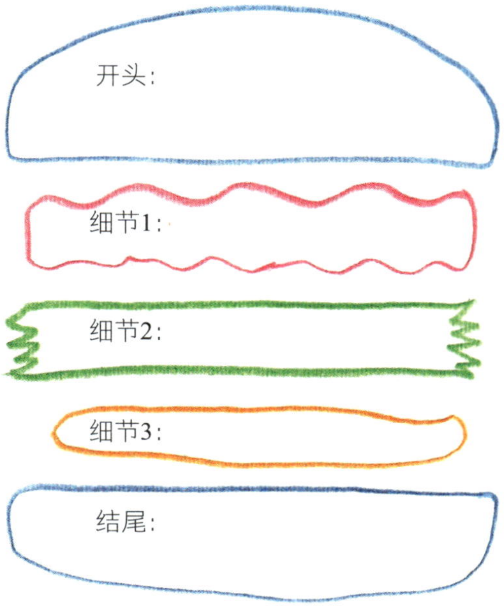

“汉堡包”作文组织图

>> 低年级写作

低年级的小朋友可以写“汉堡包”段落。在一个段落中，有一个主题句、3个细节句和一个结尾句。主题句用来表达段落的中心思想，细节句用来展开主题，结尾句与主题句相照应，深化主题。

下面以“做饭”为主题，写一段“汉堡包”段落。

我的第一个句子为主题句：

开头：做饭是一项很有用的技能。做饭很好玩，但有时也是危险的。

我的第二个句子为细节句，拓展和深化主题句：

细节1：你需要使用各种调料、食材来做饭。有的食物很容易做，有的食物很难做。

继续添加我的第二个细节，保持围绕主题写：

细节2：做饭的时候你要注意安全，特别是第一次做饭。

继续添加我的第三个细节：

细节3：不要把食物放锅里太久，否则会煳掉；也不要提前把食物盛出来，否则可能会没熟。

最后的结尾句用来总结：

结尾：如果你想做饭，最好找一个人来教你，希望你会享受做饭这件事。

写完以后的段落为：

做饭是一项很有用的技能。做饭很好玩，但有时也是危险的。你需要使用各种调料、食材来做饭。有的食物很容易做，有的食物很难做。做饭的时候你要注意安全，特别是第一次做饭。不要把食物放锅里太久，否则会煳掉；也不要提前把食物盛出来，否则可能会没熟。如果你想做饭，最好找一个人来教你，希望你会享受做饭这件事。

>> 高年级写作

高年级的孩子可以写出多个完整的段落了——开头段、中间3个段落以及结尾段。所以我们可以来写“汉堡包”作文了。

在开头，我们需要确定自己的主题，并且用生动的文字激发读者的阅读兴趣。

这里以“猎豹”为主题来分析如何使用“汉堡包”作文组织图。

首先我们在汉堡包的最上层面包里填入主题思想：

开头：猎豹是一种神奇的动物。它们的动作很快，而且善于捕捉猎物。很多人都为它们的天赋折服。

然后，我们需要列出3个细节来支撑主题。这3个细节需要丰富，种类多样化并且不重叠，需要有“肉”“蔬菜”等不同味道的“食物”。

我的第一个味道：

细节1：猎豹有敏锐的眼睛和灵敏的耳朵。它们很远就能看到猎物。如果它们看到猎物在跑，就会在眨眼之间追上去。它们的耳朵也能听到很细微的声音。

我的第二个味道：

细节2：猎豹很擅长掩藏自己。棕黄色的皮肤帮助它们在石头和沙子中伪装自己。皮肤上的黑点也会在黑暗中帮助它们隐蔽自己。

料还不够？再加上第三种配料：

细节3：猎豹的奔跑速度很快。它是地球上奔跑速度最快的动物之一。猎豹的爪子是收不回去的，起到类似钉鞋的作用，这也是它为了奔跑做出的牺牲。母猎豹从小就会训练小猎豹奔跑的技能。

加好了配料，此时我们需要把最底层的一块面包加上去了。

注意，上下两块虽然都是面包，但作用完全不一样。底层面包的作用在于结束话题，并且与开头相呼应。如果加上一些值得思考的问题和想法，还能在结尾处升华主题：

结尾：猎豹是很神奇的一种动物，但是，随着人类文明的发展，越来越多的猎豹被屠杀。科学家们试图保护那些野生猎豹，但是这些帮助还远远不够。我希望大家也可以行动起来，一起保护猎豹。

写完以后的初稿为：

猎豹是一种神奇的动物。它们的动作很快，而且善于捕捉猎物。很多人都为它们的天赋折服。

猎豹有敏锐的眼睛和灵敏的耳朵。它们很远就能看到猎物。如果它们看到猎物在跑，就会在眨眼之间追上去。它们的耳朵也能听到很细微的声音。

猎豹很擅长掩藏自己。棕黄色的皮肤帮助它们在石头和沙子中伪装自己。皮肤上的黑点也会在黑暗中帮助它们隐蔽自己。

猎豹的奔跑速度很快。它是地球上奔跑速度最快的动物之一。猎豹的爪子是收不回去的，起到类似钉鞋的作用，这也是它为了奔跑做出的牺牲。母猎豹从小就会训练小猎豹奔跑的技能。

猎豹是很神奇的一种动物，但是，随着人类文明的发展，越来越多的猎豹被屠杀。科学家们试图保护那些野生猎豹，但是这些帮助还远远不够。我希望大家也可以行动起来，一起保护猎豹。

最后，我们需要用写作清单来检查文章，逐一发现问题所在——为什么我的“肉”这么少？可不可以再多加一点儿“青菜”？可以让配料更加均衡吗？下面的写作清单适合中低年级的孩子，让孩子了解信息类写作的重要作用——传递信息。孩子们需要通过有开头、中间、结尾的段落，辅以有趣的细节来表达一个特定的主题。

写作清单

分数	内容
3  特别好吃的 汉堡包	・有开头、中间、结尾。 ・围绕主题有很多相关的句子。如：细节1、细节2、细节3。
2  汉堡包	・开头、中间、结尾混在一起。 ・围绕主题有一些句子。如：细节。
1  不好吃的汉堡包	・句子与主题无关。 ・开头、中间、结尾交代不清。
	标点符号和字
	・正确的标点符号。 ・字写对了。
	・不正确的标点符号。 ・字写错了。

在信息类写作的训练中，重点是让孩子知道：这类文章是通过文字来给他人传递一些相关信息。低年级的信息类写作清单用了大量图片来帮助理解，高年级的写作清单是分门别类的、细致的文字叙述。

在高年级的信息类文章写作中，有几个明显的变化：

- 文章结合观点来写自己观察到的信息和问题。
- 开头引人入胜，结尾引发思考。
- 使用了表达顺序的文字，例如“一开始”“然后”“结果”等。
- 文章整体结构更有层次感。
- 使用了专业的词汇。
- 正确使用标点符号。

下面是美国小学四年级使用的信息类写作清单。

	信息类写作清单	符合要求	不符合
	结构		
总体	· 我告诉读者关于一个主题的不同信息。 · 我加入了事实、细节、引用和想法。		
开头	· 在开头我告诉读者这个主题的重要性，并且引用了一个令人惊奇的事实，或者给读者描绘了一个画面。 · 我告诉读者我会教他们关于这个主题的东西。		

续表

	信息类写作清单	符合要求	不符合
过渡	·我用了过渡词来帮助读者联系所有信息。 ·如果文章是按顺序来写的，我使用“之前、然后、接着”之类的词语。 ·如果文章是分块写的，我使用了“另外一个，比如说、其他、并且”之类的词语。		
结尾	·我的结尾与开头相呼应，并且留给读者一些思考的空间。 ·我的文中加入了自己的想法、感受和疑问。		
组织	·我把信息分类放入不同的段落或者章节。 ·我每个段落都有开头句和结尾句。		
	发展		
描述	·我在文中加入了不同的事实和细节，例如数字、名字、例子。 ·我通过与人交流、读书和自己的观察来获取信息。 ·我使用了一些写作技巧，如对比等。 ·我使用了图表、加重文字、定义框等来帮助读者理解内容。		
技巧	·我准确地选用了词语。 ·我使用恰当的感情、语句来表达信息，让它显得更加严谨。		
	用词		
拼写	·我用词准确。 ·我用词典帮助我找词。		
标点符号	·我使用了逗号来分隔没有说完的句子。 ·我使用了句号来结束说完的句子。 ·我使用了恰当的标点符号来注明引用。		

观点写作

在美国参加教师的写作教学培训时，我听到了一句触动很深的话：作为摄影师，你从图片里看世界；作为有说服力的作家，你通过笔改变世界。写作正如摄影，摄影是通过镜头来看世界，而观点写作是通过问题来看世界。但写作更美妙的地方在于——看到这个世界的问题以后，能通过笔为这个世界带来改变。

什么是观点写作（Opinion Writing）呢？观点写作往往用于表达个人的观点。比如，低年级的孩子可以写《我最喜欢的……》之类的题目，高年级的孩子可以考虑更深层次的问题。

>> 低年级写作

低年级的观点写作处于“脚手架”阶段——老师往往会提供一个话题和模板，如同提供了一个“脚手架”（Scaffolding），让孩子循序渐进地理解观点写作的过程，而话题都是与生活息息相关的。例如“我最爱的书/电视/电影/节日”等。

如果让一年级孩子写一个观点写作话题：《最好的食物是什么》。家长和老师可以先让孩子去超市做一个实际调查，尝尝味道。也可以上网搜索，比较每种食物的优点和缺点。孩子们有了想法后就可以开始构思了。接下来，孩子可以用圆圈图来做头脑风暴：

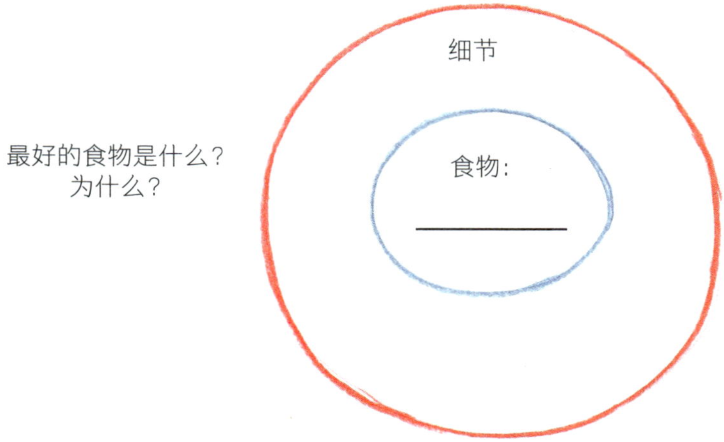

头脑风暴之后，需要把这些零散观点总结分类，像归纳物品一样，放入合适的格子里，也就是列出一个基本的大纲。

观点写作

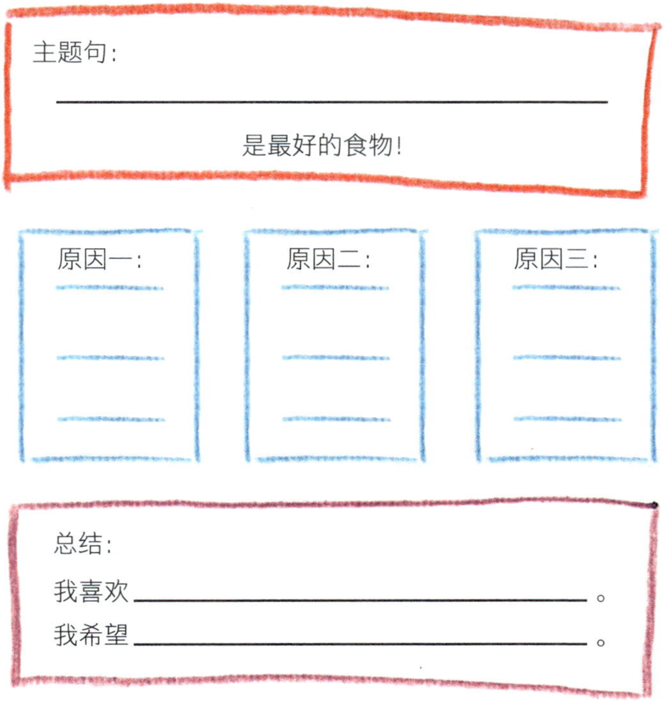

除了以上话题，低年级孩子还可以写他们喜欢的各种事物。例如，你喜欢狗还是猫？你喜欢鸭子还是兔子？孩子可以自由选择自己想写的话题，也可以让孩子快速画出他们喜欢的动物，增加写作的趣味性。

>> 高年级写作

对于高年级孩子来说，观点写作往往用于激发孩子深入思考问题。

• 用于思考一个需要改变的问题，为何要改变，怎么改变。

例如，我曾经有个学生写过一篇文章，题为《小学生需要更多的课间休息时间》（Should kids have longer recess）。他的文章有理有据，很有说服力。这类文章常用的开头方式有：我认为……（I think...），我觉得某件事不公平……（It's unfair that...）。

• 可以用于思考一件事情，为什么我们需要提倡这些事。

例如，人们需要骑自行车，而不是坐汽车（People should ride bikes, not cars）。写这类话题常用的开头方式有：人们应该……（People should...）。

• 用于思考人们可以尝试的一些新事物。

例如：尝试每天运动30分钟 （People should exercise every day）。

写这类话题常用的开头方式有：你可能觉得……但是……（You might think, but...）。

• 用于思考那些令人意想不到的事。

例如：虫子很神奇（Bugs are amazing）。写这类话题常用的开头方式有：有的人可能会说……但是我认为……（Some people might say, but I think...）。

了解方法后，怎样开始呢？这时候我们就要用到引发思考的组织图了。这里有一个“好吃”的组织图——“奥利奥”观点写作图——可以使用。这里是把观点写作想象成一块好吃的奥利奥（Oreo）。

• O- Opinion（观点）：告诉读者你的观点。
• R- Reason（原因）：持这个观点的原因。
• E- Examples（例子）：用3个例子/证据来证明你的观点。
• O- Opinion（观点）：重申你的观点。

这个方法具体运用到写作中，我们就可以看出是“总分总”的结构，即首先提出观点（Opinion），然后提出3个原因（Reason）和3个例子或证据（Example/Evidence），最后重申观点（Opinion），这就是一块完整的奥利奥饼干了。

“奥利奥”观点写作图有“奥利奥”段落和“奥利奥”作文两种。

"奥利奥"段落组织图如下：

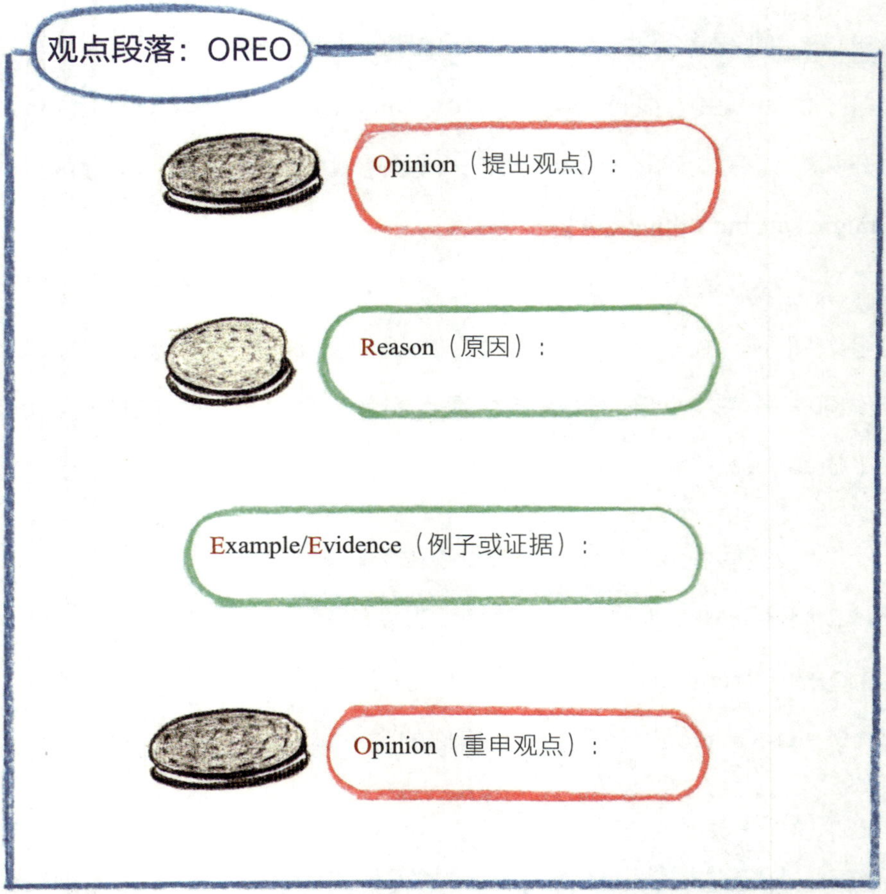

下面以"奥利奥"段落组织图为例，来看看怎么运用到写作中。一个小学二年级的孩子想写信给校长，希望学校能在体育课上增加踢足球的项目。

信中首先提出观点：

Opinion（提出观点）：我希望体育课增加踢足球的项目。

根据观点，说明原因：

Reason（原因）：踢足球对人很有益处，我们可以跑，可以踢球。而且它很容易学。

加入例子，支撑刚才提出的原因：

Example/Evidence（例子或证据）：我和我的哥哥姐姐就常常踢足球。在争夺球的过程中我们会跑来跑去，这对腿部来说是一种很好的锻炼。我常常跟哥哥说："踢足球是最好的锻炼方式！"

最后，重申自己的观点：

Opinion（重申观点）：如果体育课能让我们踢足球的话，那真是太棒了！请让我们踢足球吧！

段落草稿如下：

亲爱的校长：

我希望体育课增加踢足球的项目。踢足球对人很有益处，我们可以跑，可以踢球。而且它很容易学。

我和我的哥哥、姐姐常常踢足球。在争夺球的过程中我们会跑来跑去，这对腿部来说是一种很好的锻炼。

我常常跟哥哥说："踢足球是最好的锻炼方式。"如果体育课能让我们踢足球，那真是太棒了！请让我们踢足球吧！

果果

如果将"奥利奥"作文组织图的原因和例子分别扩展为3个，那我们就需要在提出观点后，列出3个原因和3个例子，最后再重申观点。

观点写作：OREO

Opinion（提出观点）：

Reason（原因1）：

Example/Evidence（例子或证据1）：

Reason（原因2）：

Example/Evidence（例子或证据2）：

Reason（原因3）：

Example/Evidence（例子或证据3）：

Opinion（重申观点）：

写完后别忘了检查和修订，这里有一个美国小学五年级孩子的观点写作清单，可供参考。如果是低年级的孩子使用，家长可以适当降低难度。

	观点写作清单	符合要求	不符合
	结构		
总体	・我申明了我的观点。 ・我用具体原因来支持我的观点。 ・每个原因我都列举了证据。		
开头	・我写了一个开头。 ・我不仅通过有趣的事实或者提问让读者了解我的观点，更让他们了解这个观点的重要性。 ・我用准确的词语描述我的观点，并且引起读者进一步阅读的兴趣。		
过渡	・我用了过渡词来把我的观点和证据联系起来（例如：这个表示……）。 ・我用一些过渡词帮助读者顺着我的观点思考（例如：另一个原因，最重要的一个原因是，因此，结果……）。 ・我用一些词汇使我的表达更精确（例如：特别是）。		
结尾	・我的结尾总结了前面的观点，而不仅仅是结束这篇文章。		
组织	・我把观点分类写进不同的段落。 ・我把每个段落按一定的逻辑顺序排序，这样更能证明我的观点。		

续表

	观点写作清单	符合要求	不符合
	发展		
描述	·我为观点列举了各种原因，这些原因都是平行不重复的。我把这些原因按照最能说服人的方式排序。 ·我列举了一系列论据，例如事实、例子、引用、小故事和各种信息来支撑我的观点。		
技巧	·我精确地选用词语。 ·我运用了比喻、类比等方法来表达我的观点。 ·我使用恰当的感情、语句来表达观点，让它显得更严谨。		
	用词		
拼写	·我能准确地用词。 ·我用词典帮助我找词。		
标点符号	·我使用了逗号来分隔没有说完的句子。 ·我使用了句号来结束已经说完的句子。 ·我能正确地使用感叹号、问号来表达感情。 ·我使用了恰当的标点符号来注明引用。		

05

用思维导图学习科学

用思维导图培养科学兴趣

在美国小学的课堂上，科学课远远不只是书本上讲的一些概念、公式、定理，以及我们能观察到的一些现象，更是一种启发思维、鼓励孩子动手动脑的学科。

去年，我们的教室里坏了好几个自动削铅笔机，我琢磨了很久也不知道怎样才能修好。结果，有一天我的学生Ethan跑过来说："杨老师，你把坏了的削铅笔机给我吧！我想好好研究一下！"

我想着反正我自己也不会修，不如给他，于是就给了他两个坏了的削铅笔机。没想到，这孩子还挺会废物利用的，过了半个月，他给我拿来一个修好的削铅笔机，我问他："你是怎么修好的？"

他神神秘秘地拿出一块展板，展板上粘着各种奇怪的小零件。我仔细一看才知道：这是一个削铅笔机的零件。原来他居然把那坏掉的削铅笔机拆开了，将每个部件整整齐齐地贴在了展板上，并且分析了每个部件的构造。

他得意地说："这是我的科学发明比赛项目，我做的是逆向工程（Revise engineering），我一边做，一边就修好铅笔机啦！"然后他指了指展板上画着的一个环抱图说："看，我还用环抱图把这个削铅笔机的结构表示出来了呢！"

哇！没想到这样的废物利用，不仅帮助孩子解决了问题，而且他还运用思维导图设计了逆向工程——拆解物品。

我们班的孩子在这种思维导图的启发下，创造了不少优秀作品，有拆卸家里玩具小汽车的，有拆卸水杯的，还有个孩子甚至拆卸了一台家用电视游戏机（Xbox）。

下面我给大家介绍一下如何运用思维导图培养孩子的科学思维。

用圆圈图来定义一个科学概念

当我们在学习一个科学概念时，可以用圆圈图来定义这个科学概念。比如，在学习“地球”这个概念时，我们可以在内圈里写上“地球”，外圈是地球的定义，通过头脑风暴写下与它相关的一切信息：太阳系由内及外的第三颗行星，距离太阳约1.5亿千米，同时进行公转和自转……

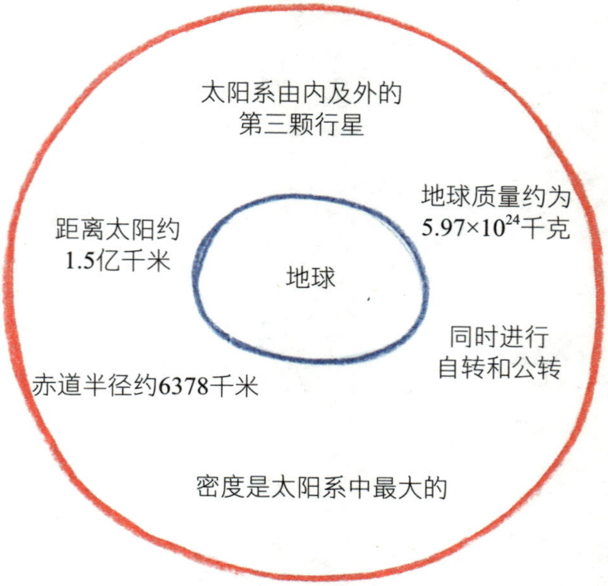

脑力练习

请选择一个太阳系的行星（比如：火星），搜集整理它的资料，最后用圆圈图呈现出来。

用泡泡图来描述一个科学概念的属性

当我们需要描述一个科学概念的时候，可以使用泡泡图。记住，在属性泡泡中需要用到形容词。比如，在美国小学二年级的科学课上，孩子们要学会使用泡泡图来描述一种植物。

脑力练习

用泡泡图来描述一种水果（比如：苹果）或者一种科学现象等。

用双重气泡图
比较两个科学事物

双重气泡图可以用来比较两个科学事物的相同点和不同点。比如美国小学和幼儿园的科学课中，有一课是学习“推和拉”，孩子们需要比较到底什么是“推”，什么是“拉”。此时我们可以用双重气泡图找出二者的相同点和不同点。

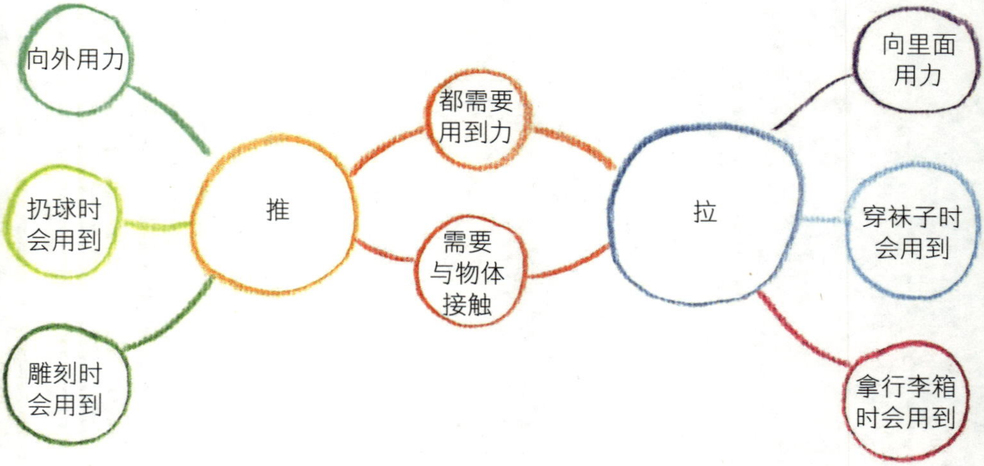

脑力练习

请你比较海洋和森林，列出相同点和不同点。

用树状图给科学概念分类

树状图很像我们平时记笔记的方法——把事物分门别类地罗列出来。在美国小学和幼儿园的课堂上，我曾经使用树状图来教“物质的状态”这个知识点。分类如下：

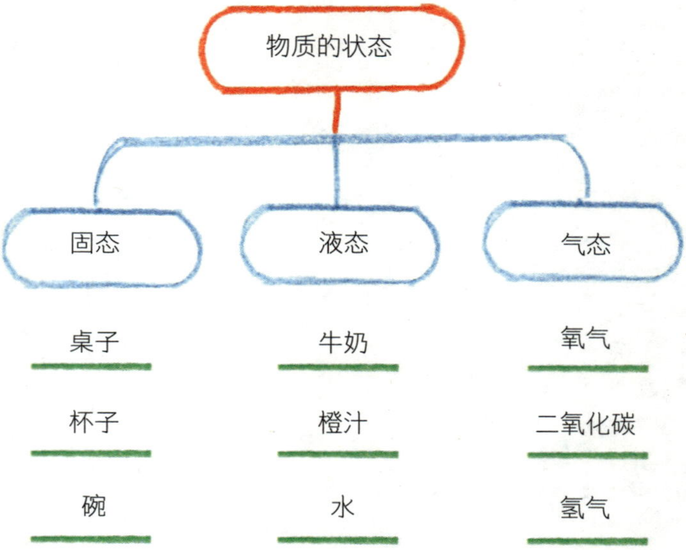

下面是我的同事Ms. Happy在小学三年级科学课堂上教带内行星时用树状图画出的板书：

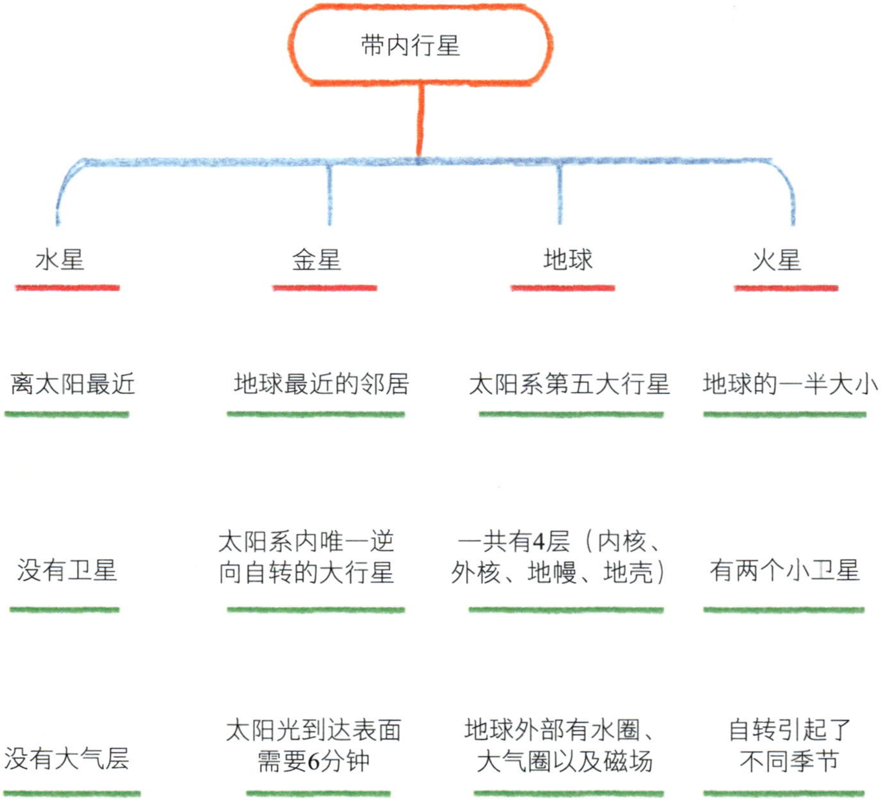

脑力练习

太阳系的行星分为带内行星和外行星，请用树状图给这些行星分类。

用流程图描述事情的发展过程

在自然界里，很多生命的发展都会遵循一个特定的流程。

比如，人类的一生会经过婴儿、幼儿、少年、青年、中年、老年这几个阶段，这是人类生命发展的规律；

蝴蝶的变态发育会经历卵、幼虫、蛹、成虫4个阶段；

青蛙的一生会在水里和陆地两个地方度过，经历受精卵（水中）—蝌蚪（水中）—幼蛙（水中）—成蛙（水陆两栖）4个阶段。

在美国小学二年级的科学课上，我们用流程图来画出植物一生的生长变化过程：

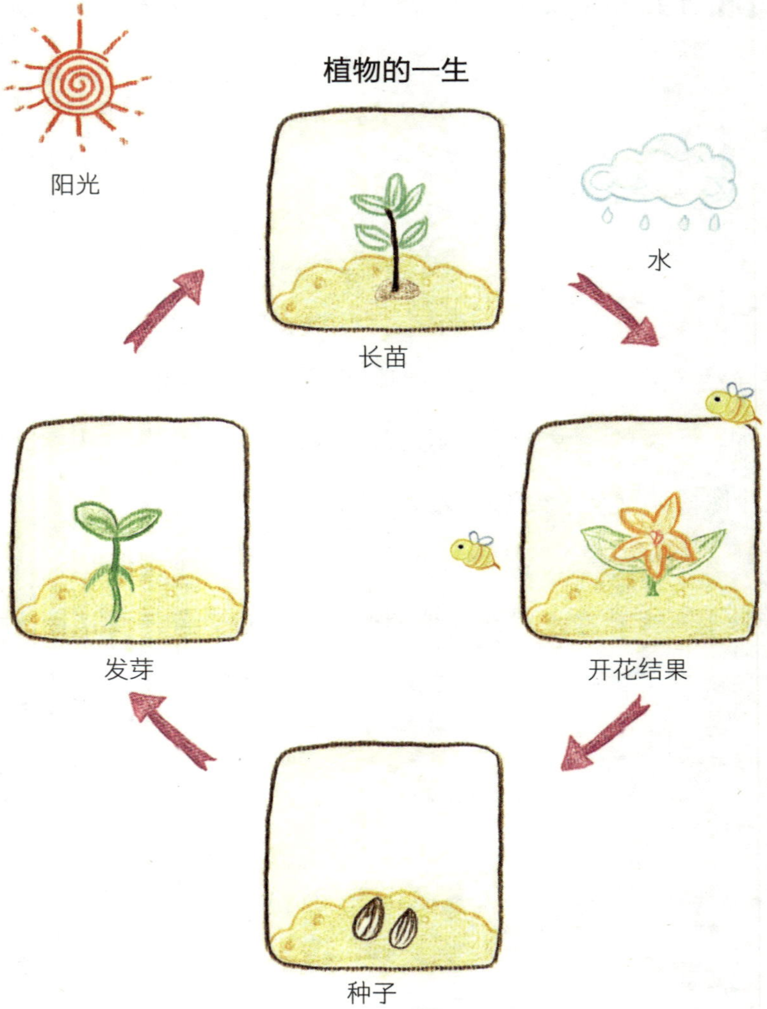

我们还可以用流程图来描述天文现象，例如可以把月相的不同阶段画成流程图：

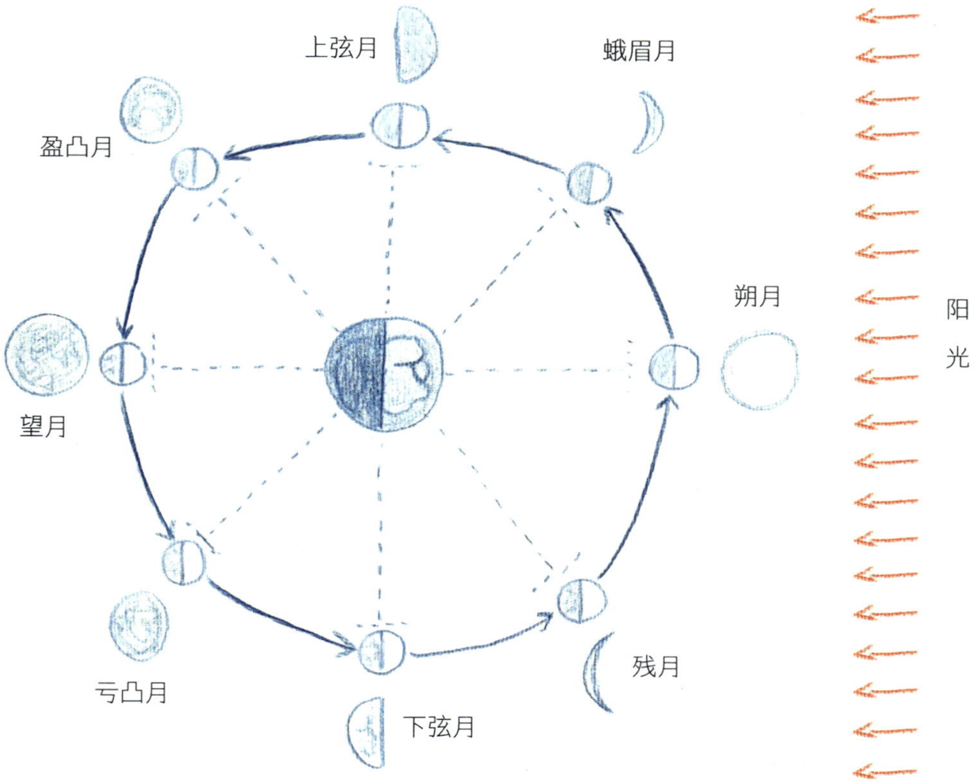

另外，我们也可以用流程图来做科学探究，在设计方案的时候用流程图画出来。在这里家长可以做出正确的引导：与其直接告诉孩子事实，不如让孩子敢于提问，并且为自己的问题去做假设和调查。

科学探究可以分为以下6步：

- 运用科学理论。
- 提出问题。
- 做调查，提出假设。
- 设计调查、执行调查、收集数据。
- 得出结论。
- 展示。

在这个探究的过程中，孩子们会去思考：为什么发生这个现象？这个现象起到了什么作用？

我的学生Jayden一直在思考一个问题：如果把可乐罐扔到水里，究竟是会浮起来还是沉下去呢？里面放的东西能决定它的沉浮吗？

Jayden做了假设：所有的可乐罐都会沉下去，因为可乐罐很重。

于是他自己做了可乐罐的科学探究实验，实验中发现：装糖的可乐罐沉下去了，没有装糖的可乐罐浮起来了。

最后他得出了结论：糖的重量会影响可乐罐的沉浮。

尽管只是一个小小的实验，但整个思考过程让Jayden明白了遇到问题时，应该自己先去做假设，然后用生活中的简单例子来证明假设的对错，最后得出一个自己验证过的结论，这远比翻书找已有的事实要有意义。

Jayden的思考过程可以用流程图画出来：

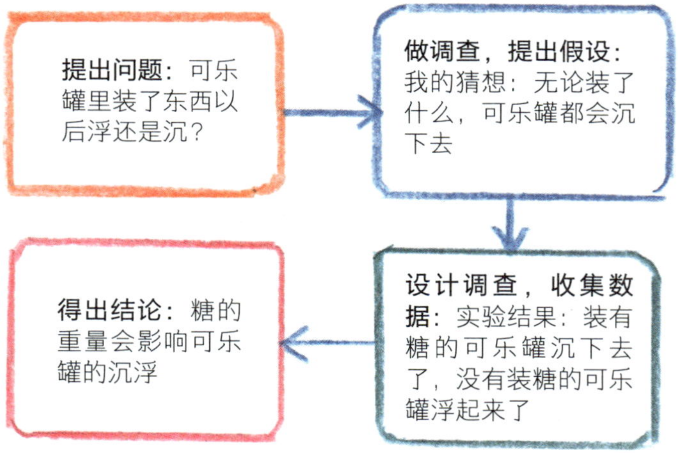

脑力练习

参考前文中学过的流程图《植物的一生》，请画出苹果的生长变化过程。

用多重流程图做科学探究

多重流程图可以用来思考科学事件的起因和结果，由此引发孩子对科学事件的深入思考——透过现象看本质，挖掘事件发生的前因后果。

在美国小学三年级的科学课上，有一课是专门研究动物为了适应环境而进化出不同的特性。例如鲨鱼吃乌龟、海豚和其他各种各样的鱼类，它们的嘴巴就是为了吃肉而存在的，有尖尖的牙齿。

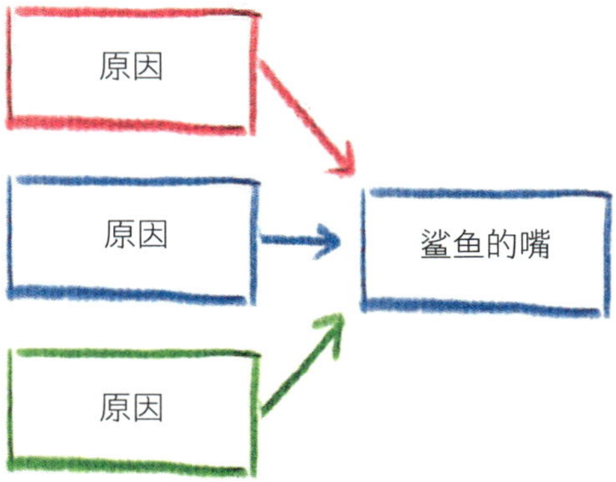

山雀吃虫子和其他无脊椎动物，所以它尖尖的嘴巴是为了捕捉昆虫而存在的。

这些我们都可以用多重流程图的左半部分“原因”来表示：

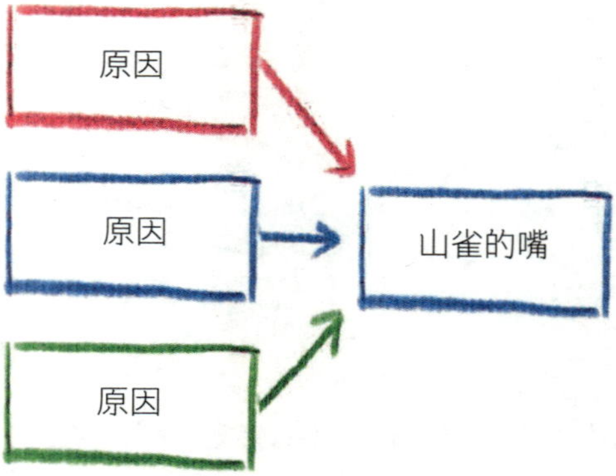

多重流程图还可以广泛运用在环境保护的思考上。

让孩子思考环境与人类的关系，也是科学思维的一部分。看到街边的垃圾、被砍伐的树木、污染气体不合理排放时，家长可以问问孩子是怎么想的，如何改变这样的现状。

美国小学每年的科学比赛里都包括了环境保护的话题。一个优秀的环境工程设计包括：

- 要提出一种办法来减少环境的污染，保护生态系统和生物的多样性。
- 可以包括绿色建筑、节能、治理环境污染、产品管理等项目。

• 要准备一个执行方案，包括一个时间计划表、预算和合作伙伴。

• 可以与小发明结合。

我的学生曾经做过一个环境保护的设计——《为何要保护森林》。他们做了一个计划来最大限度地保护树木，避免遭到砍伐。这个计划里，他们想到了具体的执行方案，包括一年要种多少棵树、实现什么样的生态保护系统等。

这些可以用多重流程图来表示：

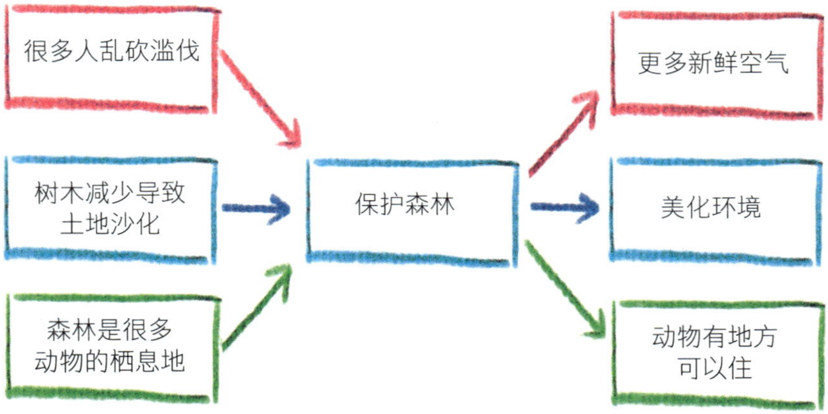

脑力练习

为什么我们要节约用水？节约用水能给我们带来什么好处？请用多重流程图来表达这个思考过程。

用环抱图引导逆向思维

逆向工程是科学发明比赛中最受欢迎的项目。它的要求是拆卸一项机械制品或者电子产品，标出每一个零件名称，并且解释是怎样拆卸的。虽然这个物品是大家所熟悉的，但是每个人都会很好奇它的运作原理。例如，一个简单的闹钟是怎么运作的呢？拆开看看里面的结构会有大发现。

在以前，趁爸妈不注意，偷偷在家拆闹钟、拆手表、拆收音机的孩子都被称为熊孩子。其实，这些熊孩子聪明着呢！家长应该用恰当的方式引导这些爱拆东西的孩子，不仅锻炼动手能力，而且培养他们的科学思维，让孩子从小理解每一个运作的物体都是由各种细微的部件构成。

没错，有时候我们就是需要鼓励熊孩子“搞破坏”。

爱搞破坏的孩子，运气可能也不会太差。除了人们耳熟能详的乔布斯和比尔·盖茨（他们小时候曾在车库鼓捣东西），还有一个人大家大概也不会忘记——格蕾丝·霍普（Grace Hopper），正是她发明了编程界著名的术语——“bug”。

霍普从7岁的时候就开始了自己的工程师生涯。她把家里的7台钟——从小号的台式钟直到大号的座钟，全部拆了个七零八落，零件摆满了房间，却无法把它们还原。然而她的父母并没有责怪她，反而通过鼓励和引导，让她这些思考和行为为她以后的事业打下了基础。

在美国小学，家长往往从小鼓励孩子动手实践。

我学生曾做过一个拆分内部结构图，解释了为什么一把锁只有一把钥匙。

这种拆解类科学活动用环抱图来表示最合适不过：

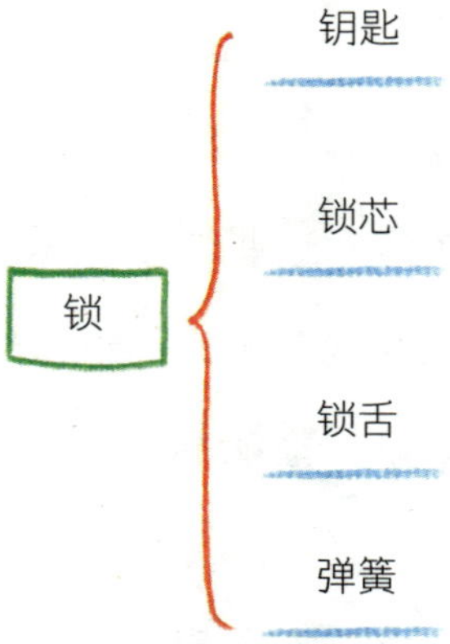

脑力练习

找出家里的一件“废物”（比如：旧电脑），通过逆向工程来分解它或是观察它的结构，并且用环抱图画出来。

用桥状图类比科学现象

桥状图可以用来类比不同的科学现象。

我们来类比人体几大器官的作用，可以用桥状图来表示，其中所用到的关系词是“……的作用是……”。

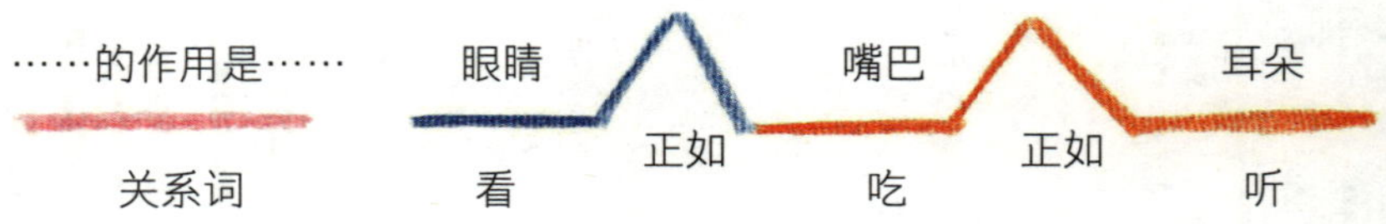

脑力练习

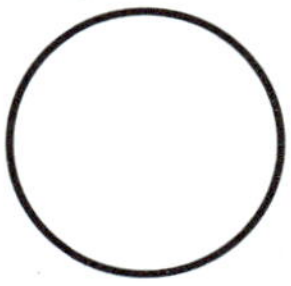

你可以将几种不同的天气现象作类比吗？比如雨天有雨，晴天有太阳，多云天气有很多云等。

06

用思维导图训练数学力

需要穷举法的时候用圆圈图

数学这门学科很有意思，它特别强调孩子的思维能力，比如总结、归纳、分类、建模、找规律等，学习数学时用思维导图就再方便不过了。

新加坡的数学教材里有一种数学思维方法，叫作Make a list，也就是我们中文所说的穷举法，这个方法要求孩子将各种可能的情况都列举出来，以便分析和排查。

比如，给孩子一个数字6，告诉他这个数字可以分解成两个数字相加，然后要求他列出两个数字相加之和为6的所有情况。

这个问题就可以用穷举法来解决，将可以组成6的所有加数都罗列出来。

在用穷举法做列举的时候，圆圈图就是一个很好的载体，我们可以把关于6的分解的思考过程画成下面这样：

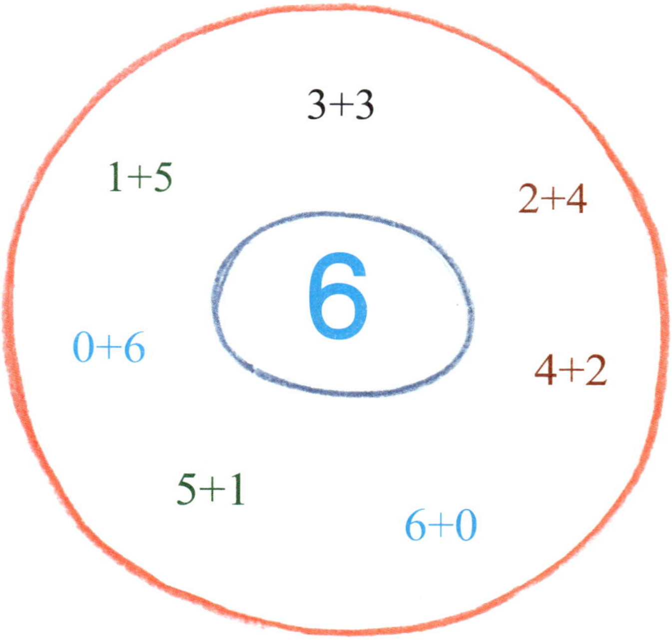

通过圆圈图，孩子就能对6的所有加数一目了然。上图中，我们在写两个加数的时候，特意用颜色做了区分，比如，6和0用蓝色表示；2和4用红色表示；5和1用绿色表示；3用黑色表示。

这个颜色区分其实承载了两个方面的信息：

• 相同颜色里，这两个加数是可以任意调换位置的，也就是说，在5+1和1+5两个算式中，虽然两个加数的顺序不一样，但两者相加之和都是6。这说明两个加数可以调换位置。如果有两个加数，分别是a和b，那么我们能得出结论：a + b的结果和b + a的结果相等。

• 6一般由两个不同的数字相加而成，比如1+5，2+4，但有一个特殊的情况，那就是3+3这个算式中，数字3是与自己本身相加等于6，这两个加数是相同的，都是数字3。所以当我们将这些加数标上颜色后，基本上每种颜色的加法算式都会出现两次，因为两个加数不一样，所以有不同的加法顺序。但是有一种颜色只出现了一次，那就是3+3的黑色，这是因为它的两个加数完全一样，无所谓调换位置了。

通过上面的结论，我们可以进一步给孩子解释奇数、偶数的概念，如果在一个数字的分解圆圈图里，我们能找到某种颜色的算式只出现了一次，那么这个数就是偶数，反之就是奇数。

在上面这张图里，蓝色出现了两次，红色出现了两次，绿色出现了两次，而黑色只出现了一次，根据上文所说的情况——某种颜色的算式只出现了一次，那么这个数就是偶数。

脑力练习

（1）我们来做一个实验，给你一个数字7，请用圆圈图的方式列出所有两个数字之和为7的情况，并且将每种加数的组合都标注成一种颜色，比如3+4和4+3都标成红色，2+5和5+2都标注成绿色，以此类推，请将这幅圆圈图画出来。

统计一下，这里一共有多少种颜色？每种颜色出现了几次呢？有没有某种颜色只出现一次的情况？

根据我们上面介绍的概念，如果在圆圈图里能找到一种单一的颜色，那么这个数就是偶数，反之就是奇数。请问数字7是奇数还是偶数呢？

（2）我们再做一个实验，还是用上面的步骤，给你一个数字8，请用圆圈图的方式列出所有两个数字之和为8的情况，并且给每种加数的组合都标注成一种颜色，请将这幅图画出来。

统计一下，这里一共有多少种颜色？每种颜色出现了几次呢？有没有某种颜色只出现一次的情况？

根据我们上面介绍的概念，请问数字8是奇数还是偶数呢？

罗列属性时用泡泡图

在学数学概念的时候，我们往往需要列出它们的属性，比如学习几何知识。几何是数学里一门比较难的学科，它跟代数里的计算题、文字题完全不一样，计算题就是几个数字的加减乘除，文字题需要理解文字里的关键信息，而几何题常常是一张图，图形承载了各种信息，孩子在做几何题的时候，就要明白图形的各种属性，这样他们才能理清解题思路。

比如，可以给孩子看一张正方形的图，并问他们：请问正方形有什么特点呢？

理解正方形的属性很重要，孩子只有理解了属性才能解题。比如说求解正方形的周长、面积等，这些知识点的考核都是基于对正方形属性的理解。

对于罗列正方形的属性，用泡泡图就很适合，每个泡泡里的内容都代表一种属性。

下面就是一张泡泡图，中心泡泡里画了一个正方形，而在周围的每个泡泡中，文字内容都代表了正方形的一种属性，并用线和中心泡泡相连接。我们看看每个属性泡泡中分别写了什么内容：有直线、是2D图形、有4条边、有4个直角等。

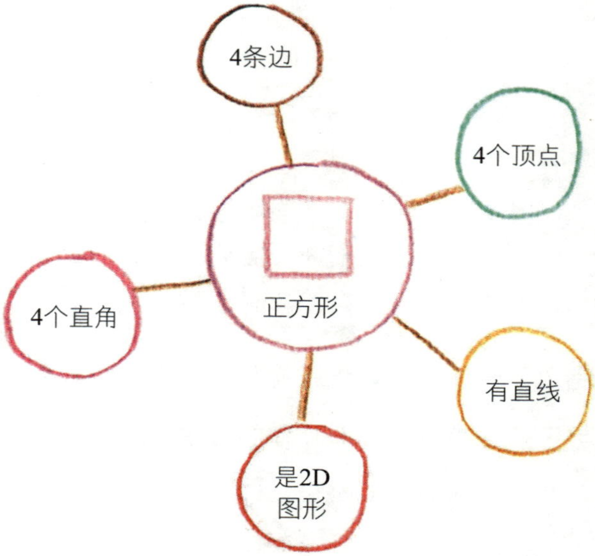

在上述例子中，用泡泡图这种思维图示法能帮助孩子对几何图形的各个属性一目了然。

有时候我们需要比较两个事物之间的关系，这就需要列出事物的所有属性，然后看看哪些是共有的，而哪些是独有的。面对这种情况，单纯用一张泡泡图就显得不够了，这时候我们可以采用双重气泡图的形式。

我们举一个简单的例子，找两个数之间的最大公约数。什么是最大公约数呢？就是说两个整数共同具有的最大约数。

比如，我们要找12和18的最大公约数。

首先，我们先列出数字12的所有质因子。

$12 = 2 \times 2 \times 3$

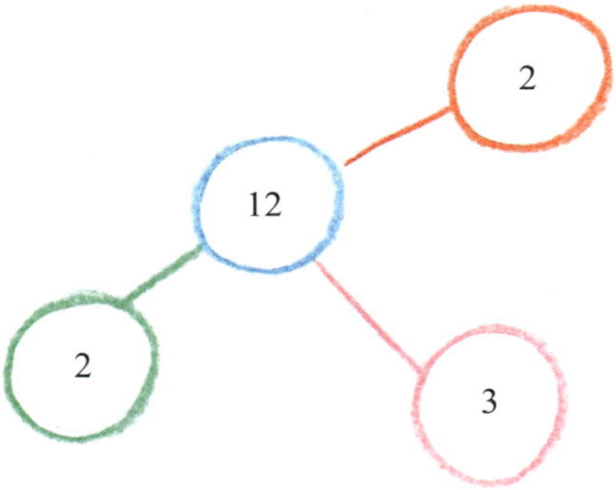

然后，列出数字18的所有质因子。

$18 = 2 \times 3 \times 3$

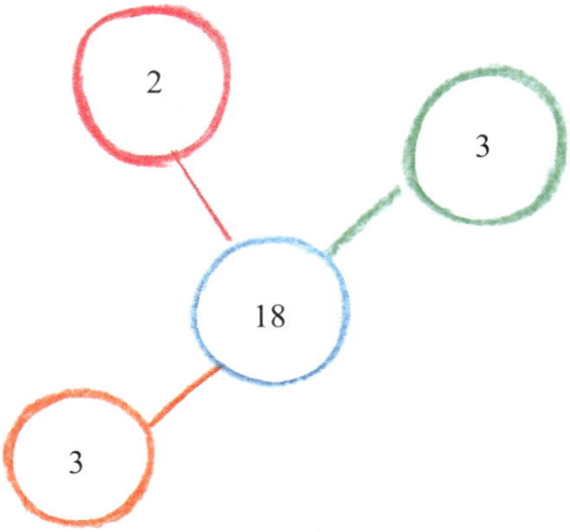

最后，可以看到12和18两个数字的质因子的交集如下：

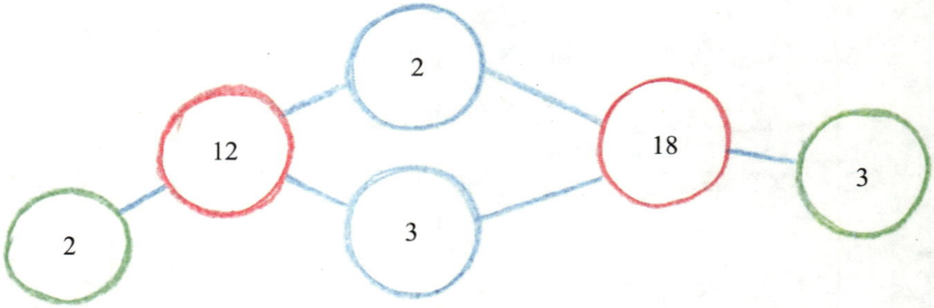

这就是一个双重气泡图，其中有两个属性泡泡（分别是2和3）是重叠的，被数字12和18所共享，因此最大公约数就是两者相重叠的质因子的乘积，也就是说$2 \times 3 = 6$，因此6就是12和18的最大公约数。

利用这种方式给孩子讲解最大公约数，孩子不仅容易理解，而且理解也会更透彻。

脑力练习

（1）请用泡泡图的方式列出三角形的属性。

（2）请用双重气泡图的方式找出18和27的最大公约数。

数学中的分类、结构用树状图或者环抱图

学数学时，经常会需要分类，而分类就需要有一个非常简单清晰的表现形式，这样孩子理解起来才方便。

用树状图和环抱图这两种形式就非常适合分类。

比如教孩子认识十进制的数字，这就涉及分类的概念，因为数字能分成个位数、十位数、百位数等。

我们举个例子，数字123，它的百位数是1，十位数是2，个位数是3，因此我们用树状图就能这样表示：

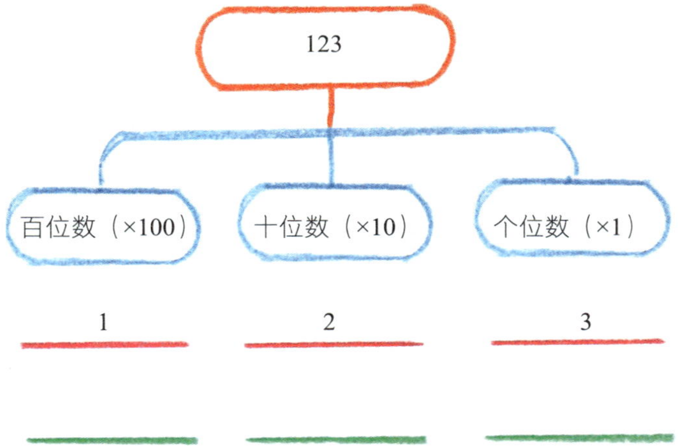

这样的数字表达孩子很容易看明白，百位数、十位数和个位数也能一目了然。很多人看到这里的时候觉得这不是很简单吗，不就表示一个数字，为什么要用树状图来多此一举呢？

其实不然，因为树状图里还蕴含了一个小细节，我们看上面的这张图，百位数旁边的括号里标注了“×100”，十位数标注了“×10”，个位数标注了“×1”，这就表示将对应的数字乘以相应的乘数，最后结果相加，就等于原始的数字。

比如：

$123 = 1 \times 100 + 2 \times 10 + 3 \times 1$

我们还可以换一种写法，那就是：

$123 = 1 \times 10^2 + 2 \times 10^1 + 3 \times 10^0$

这其实是一种十进制最原始的表达方式。如果理解了这种表达方式，那么孩子们在学习别的进制表达时也会很容易，比如说二进制。

二进制是计算机的核心，所有软件、硬件都是基于二进制的原理而设计的，它将所有的数字都表示成“0”和“1”这两种形式。在二进制里，“10”表示的是十进制数字“2”，“110”表示的是十进制数字“6”。

用树状图的方式来帮助孩子理解二进制就很容易。有一个二进制数字101，它对应十进制数字多少呢？我们可以先将101写在格子里。

这样二进制数字101就可以写成：

$1\times 2^2+0\times 2^1+1\times 2^0=4+0+1=5$

所以，二进制数字101也等于十进制的数字5。

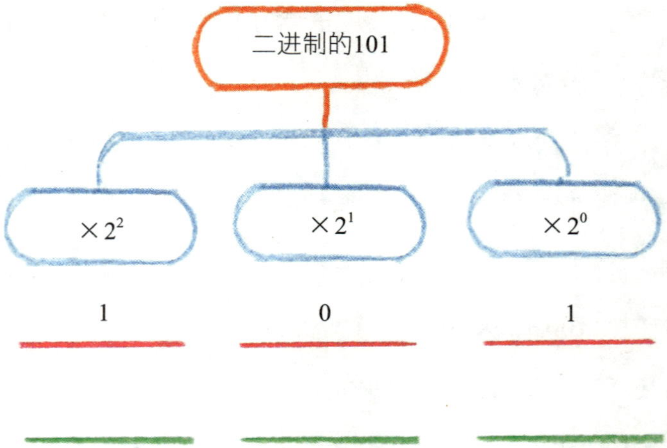

树状图画出的结构很清晰，但有一个问题是它的结构没法进一步拓展，而我们在表达上有时候是需要拓展的。

比如，要列出数字24的所有质因子，它需要对数字24进行逐层分解，这时候就需要使用环抱图。

那么用环抱图该怎么进行拆解呢？可以画成下面这样：

$$24\left\{\begin{array}{l}4\left\{\begin{array}{l}2\\ \times\\ 2\end{array}\right.\\ \times\\ 6\left\{\begin{array}{l}2\\ \times\\ 3\end{array}\right.\end{array}\right.$$

通过环抱图这种方式就能层层分解，第一次先将24分解成4×6，因为4和6都不是质因子，还可以继续分解，于是下一步将4分解成2×2，将6分解成2×3，这样24最后的结果就是2×2×2×3。

脑力练习

（1）请用树状图的方式表示数字432。

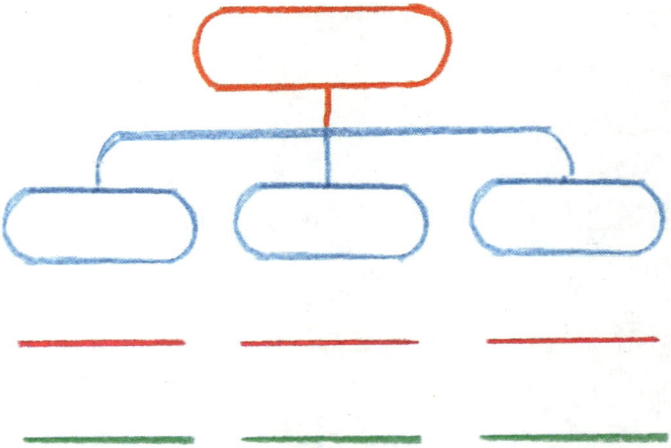

然后填空：

$432 = \_\_\_ \times 100 + \_\_\_ \times 10 + \_\_\_ \times 1$

（2）请用环抱图的方式写出数字18的所有质因子。

需要流程化时考虑流程图

解数学题时常常需要一个流程化的解题思路，而这个时候就特别适合用流程图的方式来展现。

比如下面这道题，问第一个方框里的数字是什么。

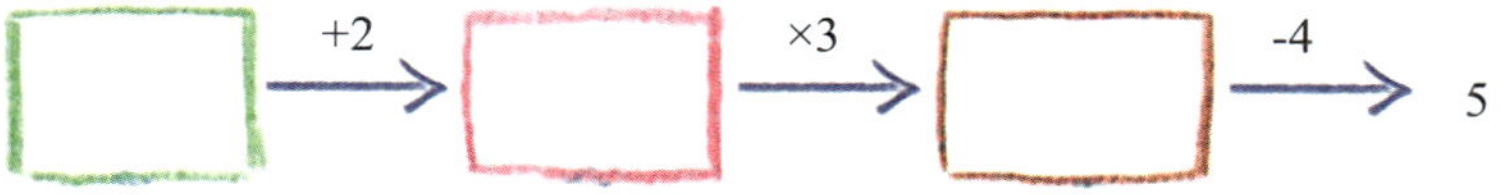

这种题和普通题最大的区别在于，一般题目是已知条件，然后推导出结果，而这道题不一样，它是已知结果，然后往前逆向推导出前面的内容。

解这道题就需要孩子的逆向思维，从结果一步一步往前推导，而这个逆向推导过程就是一个流程图。

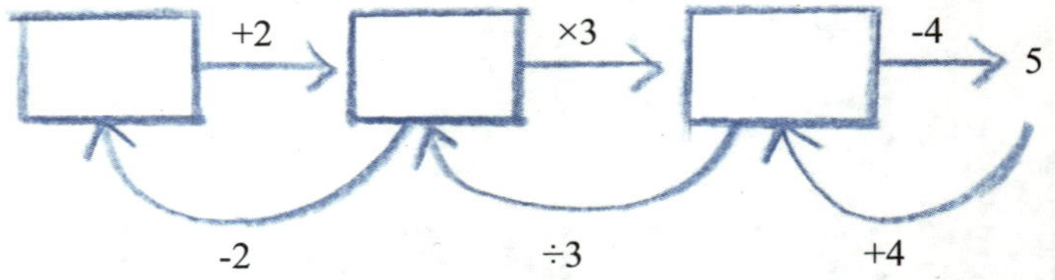

再看上面这幅流程图，什么数字减去4，最后结果等于5呢？那么孩子就得逆向推导，把5加上4就是原来那个数字了。

这个逆向推导的流程有两个注意事项：

• 要从后往前推导，就是从最后一个数字5开始，依次往前推导。

• 数字符号要变换，比如原来是−4，逆向推导时要变成+4。原来是×3，逆向推导时要变成÷3等。

有些题会有多个流程，这时候单一的流程图就不管用了，我们需要多重流程图来帮忙。

比如在教数学规则的时候，中间方框里的+2就是一个数学规则，而左边“if”（如果）栏写了几个数字，而右边“then”（那么）栏就是通过规则计算后的结果，这就是一个多重流程图的展现形式。

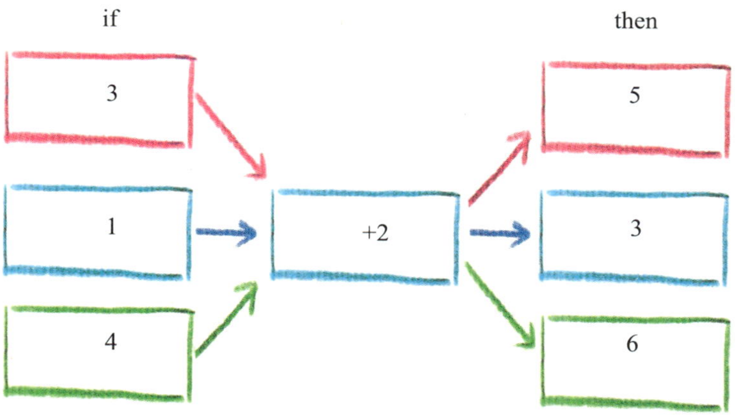

比如说“if”（如果）栏里是3，“then”（那么）栏里+2后的结果就等于5；“if”（如果）栏里是1，“then”（那么）栏里+2后的结果就等于3，以此类推。

通过这幅流程图，孩子就能对条件和结果的对应关系一目了然，这种方式特别适合用于记录实验结果、推导过程，因为条件和结果的关系很清晰。

脑力练习

（1）我们来给孩子做一个逆向思维的练习，下面图中空格里的数字分别是多少呢？

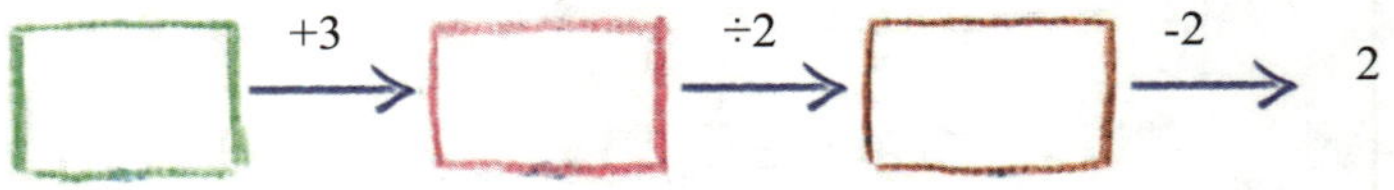

（2）用if...then...（如果……那么……）的流程来做下面这个练习，在空格里填入适当的数字。

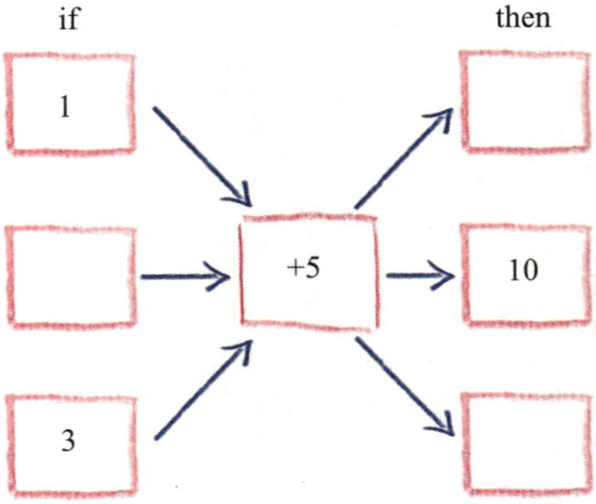

找规律的时候可以用桥状图

在数学里，常常同一个结果会有多种表现形式，比如说a+b等于b+a，也就是说加法中两个加数是可以互相交换位置的。那么怎样才能让孩子更好地理解这种等量关系呢？这时候可以考虑用桥状图来帮忙。

桥状图的特色是整座桥可以遵循同一个规则，而桥上和桥下则是根据这个规则变换的内容。

举个例子，加法中的加数可以互相交换位置这个规律，我们就可以用桥状图画成下面这种形式。

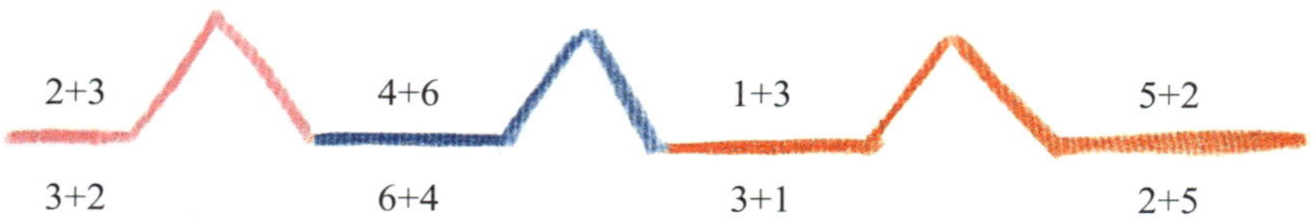

桥上是2+3，两个加数交换位置后，桥下就是3+2；桥上是4+6，两个加数交换位置后，桥下就是6+4。桥上和桥下虽然加数的位置不一样，但结果却是相同的。

这样看了图后，孩子就能轻松地总结出加法的交换规律，也会根据前面的规律将后面桥上的数字也变换位置罗列出来，比如1+3等于3+1，5+2等于2+5。

从这个例子里，我们就能看出桥状图的核心：

- 整座桥都遵循着一个共同的规律。比如上面的例子里，加法的交换规律就是这座桥的规律。
- 桥上和桥下的内容是一个整体，会遵循整座桥的规律。比如上面的例子里，2+3的加法算式中加数互相交换位置就遵循了这座桥的交换规律。

脑力练习

除了加法之外，乘法也有换位规律，就是说乘法中两个乘数可以互相交换位置，比如a × b的积和b × a的积相等。请根据这个规律完成下面的图。

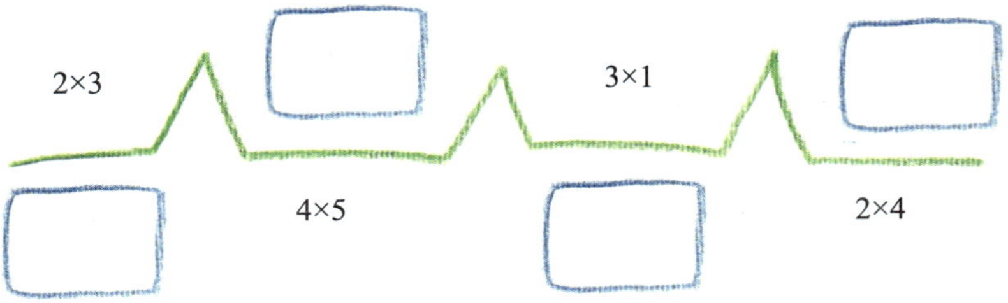

07

用思维导图激发脑力

复习心智图

在这一章里，我们将会学习使用心智图来激发孩子的最强大脑，完成一系列的学习。

这里先复习一下心智图的绘制方法：

第一步：在纸张的中心画出中心主题。

第二步：画分支。一般来说，我们从右上角开始绘制第一个分支，沿着顺时针不断添加你的思维分支。给每个分支涂上不同的颜色，相同的分支可以使用相同的颜色。

第三步：沿着主分支不断添加你的子分支，可以在分支上绘制图像、添加文字，从而完成你的心智图。

财商学习：分清“想要”和“需要”

在美国幼儿园任职的时候，我曾见到美国同事会跟孩子讨论一个很有意思的话题——什么是需要的（needs）？什么是想要的（wants）？

乍一看，这个话题只是在教孩子区分两个单词，其实不然——能够区分内心所需的孩子自然能更有效地控制自己，不仅有高情商，也有一定的“财商”。

• 我们基于生活营养的需求，需要一个青苹果，但是很多人却想要更高级的“苹果”——苹果电脑、苹果手机。

• 孩子哭闹着要一个玩具，不拿到手誓不罢休，此时不妨反问孩子一句：“这是你需要的还是想要的？如果没有这个玩具，你能继续正常生活吗？”

如果没有这个玩具，仍然可以正常生活，那么这就是你想要的，“想要”是可以通过理智控制的。

孩子都需要进行财商学习，身为父母，我们应该教孩子分清楚“需要”和“想要”，这样才能控制自己购物的欲望，合理地分配资源。

“需要”和“想要”是孩子需要理解的两个重要概念。

- “需要”是我们为了生存而必须拥有的东西——我们不能缺少的东西。
- “想要”是我们想要拥有的东西，但不是生存所必需的。

有些“需要”不用花钱，比如，我们都需要空气，但我们不必为此付费。同样，我们都需要运动来保持健康，我们可以在户外自由活动。简单来说就是：

需要=我们生存需要的东西

想要=我们想要拥有的东西

有时候，“需要”和“想要”很相似，就像一对孪生兄弟。

比如，我们每天上学、上班、去超市等都需要开车，所以我们的生活中需要一辆车，但多数情况下人们想要拥有比他们真正需要的更大或更昂贵的汽车。

比如，为了身体健康，我们都需要有营养的食物，我们需要吃肉鱼蛋类、水果和蔬菜来获得生存所需的能量、维生素和矿物质，我们还需要喝大量的液体来维持生命。但是我们需要冰激凌吗？我们需要苏打水吗？我们需要那些好喝的碳酸饮料吗？不需要，那只是我们想要。

需要和想要也因人、因家庭而异。例如，一家三口的小家庭可以通过一辆小汽车来满足出行要求。

相比之下，有两个大人和6个孩子的家庭需要一辆更大、更贵的车来满足出行要求。

房子也是一样的：一个多子女家庭自然需要一套更大、花费更多的房子。

下面我们用心智图来帮助孩子完成自己的“需要”和“想要”图：

第一步：我们确定主题——“要”。

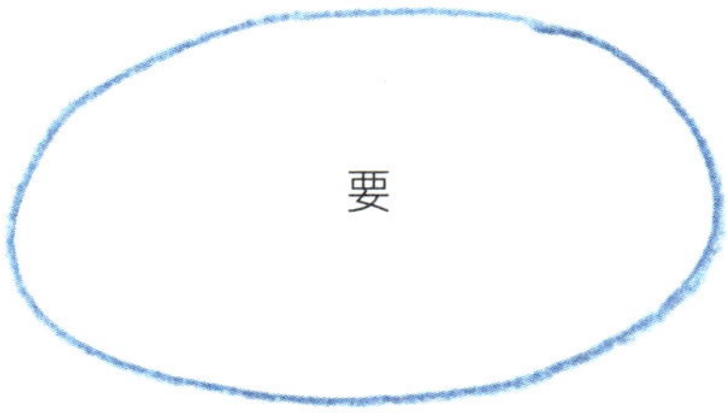

第二步：我们拓展出主分支——“需要”和“想要”。

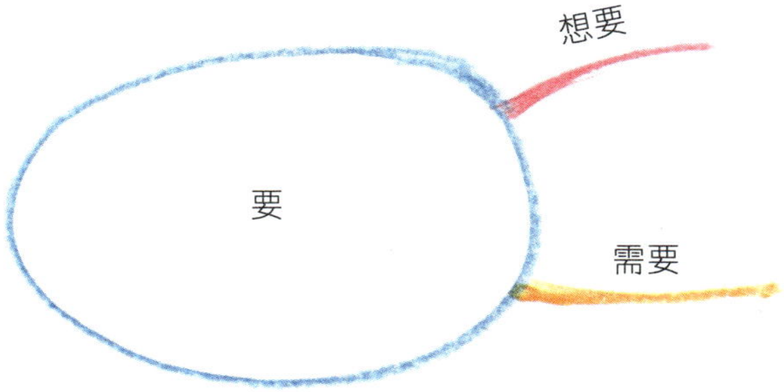

第三步：头脑风暴出“想要”和“需要”的细节。

比如，需要的东西包括衣服、药品、营养食物、交通工具、水等不可或缺的物品。而想要的东西包括手机、iPad、珠宝、杂志、电影、电视等可有可无的东西，我们的祖先没有它们，照样能生活。但是有了它们，我们的生活就变得更加有趣。

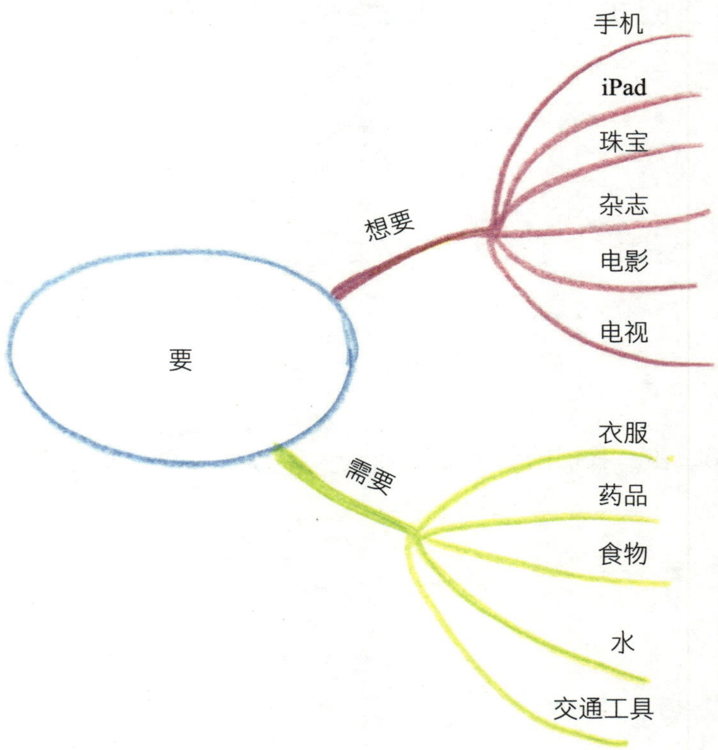

脑力练习

和孩子一起用心智图来画出自己想要和需要的东西，看看哪些是必需的，哪些不是必需的。

日程管理

如果你走进一间美国小学的教室，就会发现在教室的白板上有下面这样的日程表，它像课表一样，标注了从早到晚的课间流程：

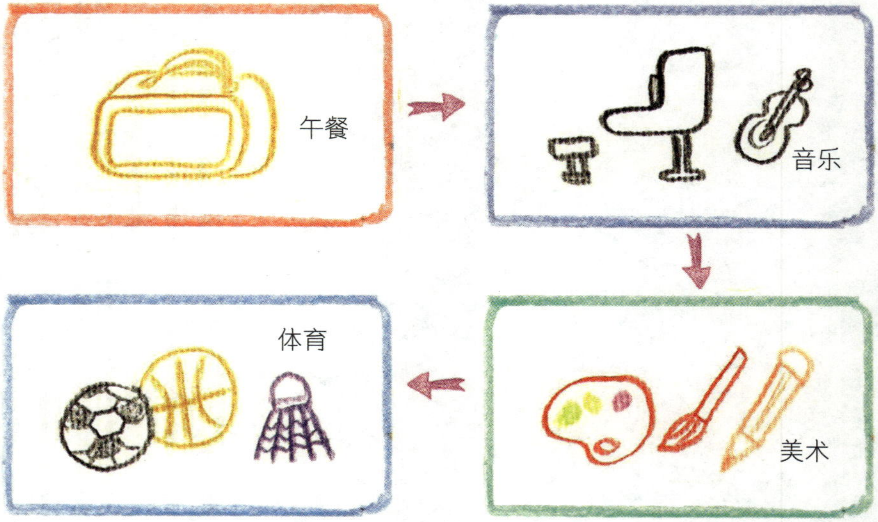

有了这张表，孩子们会清楚地知道每天的日常活动有哪些，并且可以合理安排自己的时间。

时间表不仅在学校里使用时很有效，而且在家也一样可以使用。

如果孩子年纪很小，家长可以先给孩子介绍一下日程表（day timetable）。当他们逐渐习惯了日程表的使用后，那我们就可以开始使用每周时间表（weekly timetable）。

对于喜欢看图片的小朋友，可以在日程表的后面贴上磁铁胶带，然后按顺序贴在冰箱上。例如：休息时间、积木时间、家庭时间等。这样每天都能一目了然。

时间表可以让孩子变得更有规划，并且清楚自己一天的安排。

举例来说，如果孩子知道自己吃完午餐后要去游泳，那他也就知道自己需要在午餐后立即整理游泳的用品。

如果孩子知道自己下午要去图书馆，那他也就知道自己需要在上午把书本准备好。

日常流程

日常流程（Routine）可以帮助孩子从小养成良好的生活习惯。

如果没有一个养成习惯的流程，很可能你的早晨会是这样：一大早醒来，孩子先去玩乐高，然后去洗漱，最后到了要出门的时间才发现早餐还没吃呢！

我们可以使用流程图来培养孩子的日常流程习惯。

比如，给孩子一个早晨流程图，这样的流程训练可以让孩子慢慢变得独立起来：

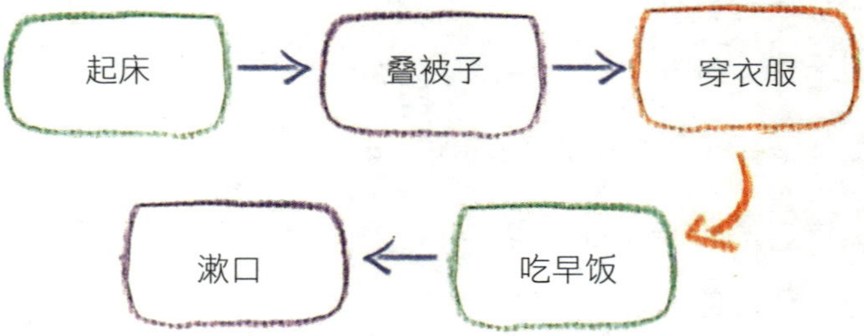

不要质疑孩子的学习能力——每年刚开学的时候，美国老师们都不会直接教课，而是用整整两个星期的时间来训练孩子养成习惯。两个星期以后，孩子们都已经像上了发条的小机器人——进教室做什么、做完课堂作业做什么、什么时候去吃午餐都了然于心。这样，孩子独立了，老师也省心了。

>> 训练日常流程的3个注意事项

拆分任务

我教幼儿园的时候，常常用拆分任务的方法帮助幼儿园的孩子完成任务。每当我说我们有一大堆事情需要做的时候，孩子们的“拖延症”马上就上身了——要做的事情那么多，无从下手。

比如每天午睡的时候，孩子们需要自己铺被褥，然后躺下睡觉，起床后还得自己收拾整理被褥。

因为美国幼儿园的孩子睡午觉是没有床的，在这种简陋条件下，5岁的孩子需要自己背被褥来学校，午睡时在地上铺被褥睡觉。对于老师来说，每天中午需要带领班上25个孩子完成这一系列活动。刚开学时，面对孩子们午睡的任务我很紧张，怕一群5岁的小朋友把教室弄乱。于是我使用了从美国同事那里学到的技巧——把任务进行拆分，分成一段一段的，并画成流程图：

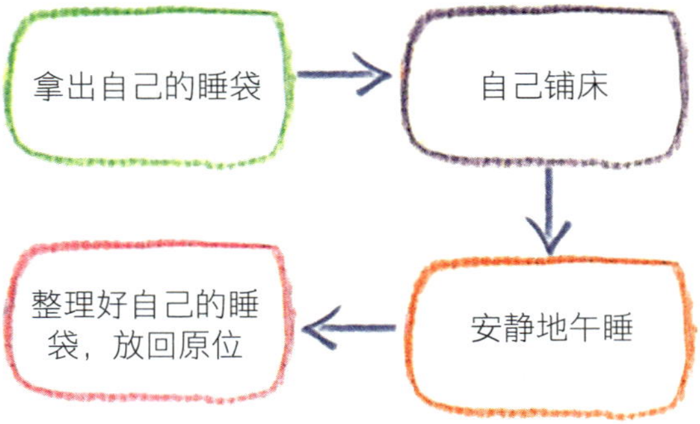

刚开始的两个星期，我天天带着他们掰着指头一遍遍复述这个流程：

- 拿出自己的睡袋。
- 自己铺床。
- 安静地午睡。
- 整理好自己的睡袋，放回原位。

后来我发现拆分步骤对训练孩子的日常流程很有用，慢慢地，他们也就习惯了这一流程。一到午睡时间，也不需要提醒，一个个都变成了训练有素的小超人，能自觉而快速地拿出睡袋睡觉了。

设置截止时间

如果一个任务不设置截止时间，很多小朋友都无法按时完成，那些时间就都浪费在磨蹭和不完善的时间分配上。所以我一般都会给每个任务设置时间。可以有长期时间限制，也可以有短期时间限制。

例如，给孩子布置长时间的任务——去图书馆做调查、读一本书、去餐厅体验生活，我一般会给两个星期，并且把截止日期写在白板上，每隔一段时间，我就询问一次：你们的任务进度怎么样啦?

短期的目标就更好执行了。我的秘诀就是使用一个大的定时器，它到时间后会发出嘀嘀的声音。当然，它的特色是体积很大，孩子随时能看到剩余的时间，自然就能争分夺秒地完成任务了。

高期待

对孩子有高的期待，他们也会给出积极回应。如果你期待他们做事有条理，那么他们就会努力遵循时间表完成他们的工作，而且孩子们会很高兴这样做。跟大人一样，孩子们在按时完成一项任务后也会有很多成就感。

一旦建立了日常流程，他们的拖延症就会慢慢改变，因为每一步都是规划好的，按部就班完成，也许就能走到他们最喜欢的那个流程——游戏时间。

没错，可以把最好玩的流程设置在困难的流程之后，这样孩子就会更有动力。

脑力练习

和孩子列举最近需要完成的4个大任务，并且把大任务拆分成小任务。

时间管理

假期孩子应该怎样安排自己一天的时间？怎样按时完成学习任务？怎样做到劳逸结合？心智图就是非常好的时间管理工具。下面我们以三年级小学生果果的周末时间为例，来做一个时间管理的心智图。

第一步：画出自己的时间段。我们先将周末的时间分成几个时间段：周六上午、周六下午、周日上午、周日下午。

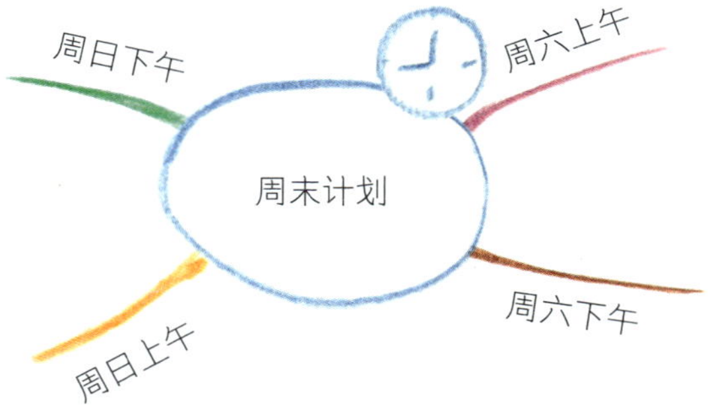

第二步：列出任务。接下来将周末要做的事情整理出来，并且加

到每个时间段中去。需要注意的是，在时间段上列出具体任务时，除了学习以外，还可以适当加入休闲娱乐及运动时间，做到劳逸结合。

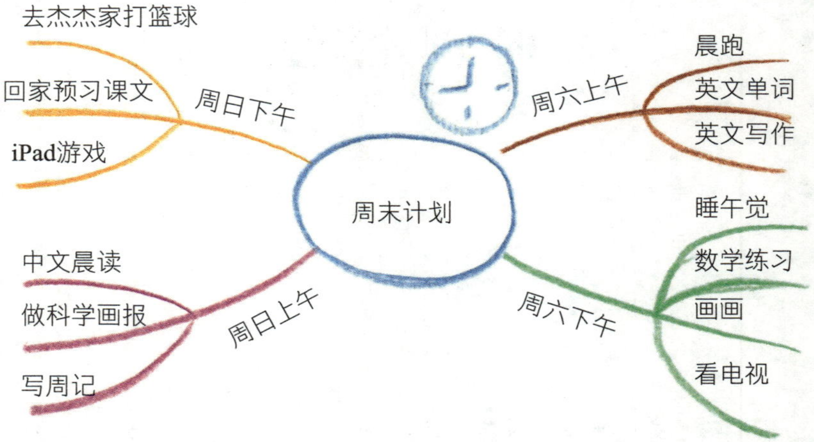

第三步：对任务进行时间规划。接下来，要给每个任务分配精准的时间，具体规划到几点几分。有了更具体的时间后，孩子就更有动力按照规划准时完成任务，整个周末也变得充实了。

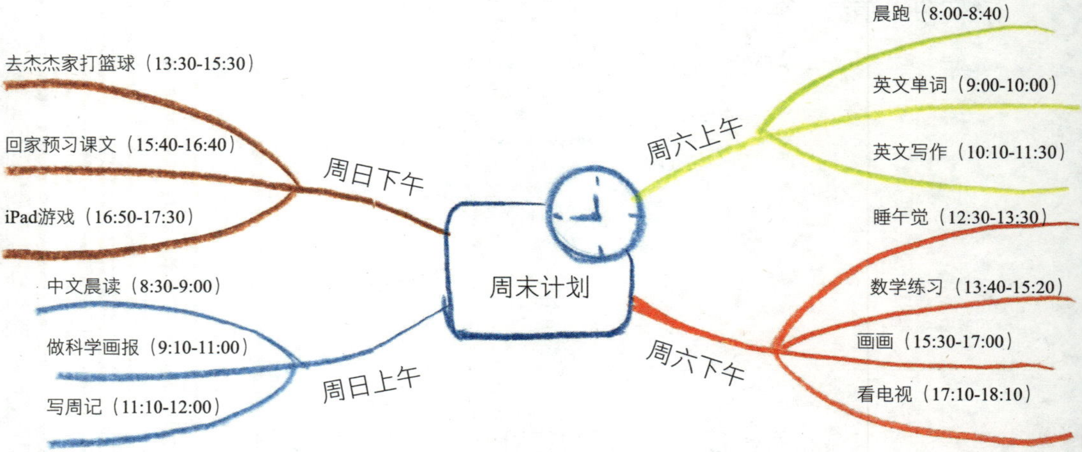

第四步：执行任务。

完成了时间计划，接下来如何执行呢？把心智图贴在墙上，每做完一项，画上钩。没有完成的，画上叉，这样就有了一个清晰的任务执行表，可以提醒自己那些没有完成的任务需要找其他时间完成。这样也有助于自己做下一步的计划。

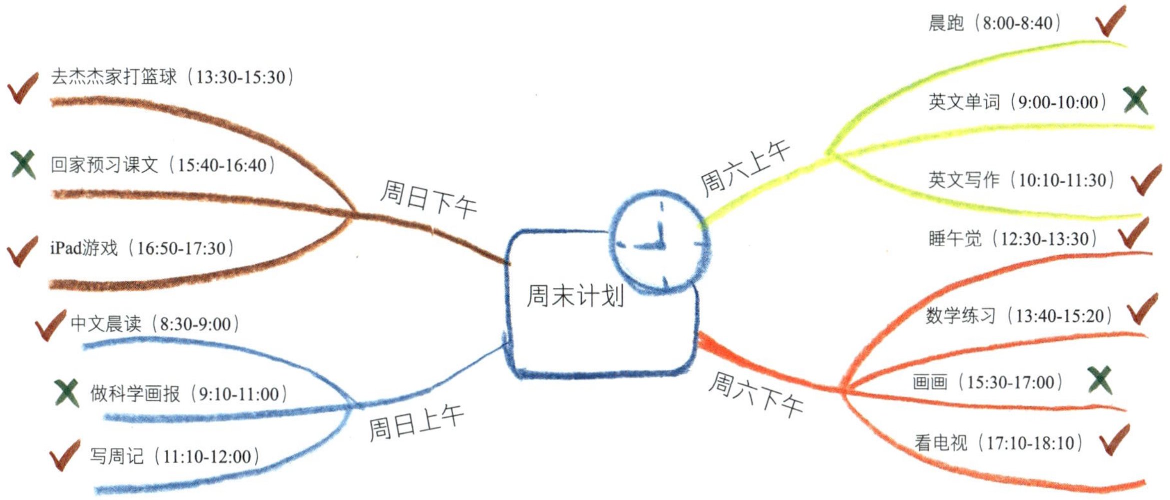

脑力练习

和孩子用心智图列一个周末计划表。

记 笔 记

用心智图记笔记就是把别人的思想（文字的或者语言的）记下来。之所以要用心智图，是因为记下来的笔记清晰而富有层次感，一眼就能看清楚每个思维要点的关系。相比写一大页难以梳理的线性笔记，心智图笔记可以让人一边记忆和整理，一边加入不同的层次和思考，可以用不同颜色和图案来表达接收的信息和自己的想法之间的思维对话。

读书笔记

在读一本书或者一篇文章时，如果想要抓住这本书的重点，筛选精华，我们可以用心智图来做读书笔记。

以绘本《三只小猪》为例，我们可以遵循下面几个步骤画心智图：

• 首先，阅读全书，对书的整体内容有一个大概的了解，然后仔细观察目录、章节、标题、图片，构思主题以及几个重要的分支。

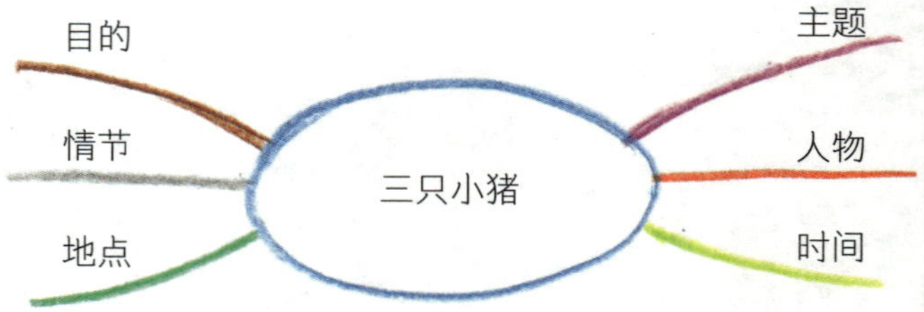

• 然后，构思主题，根据自己的阅读情况，把各个内容梳理到心智图里去。

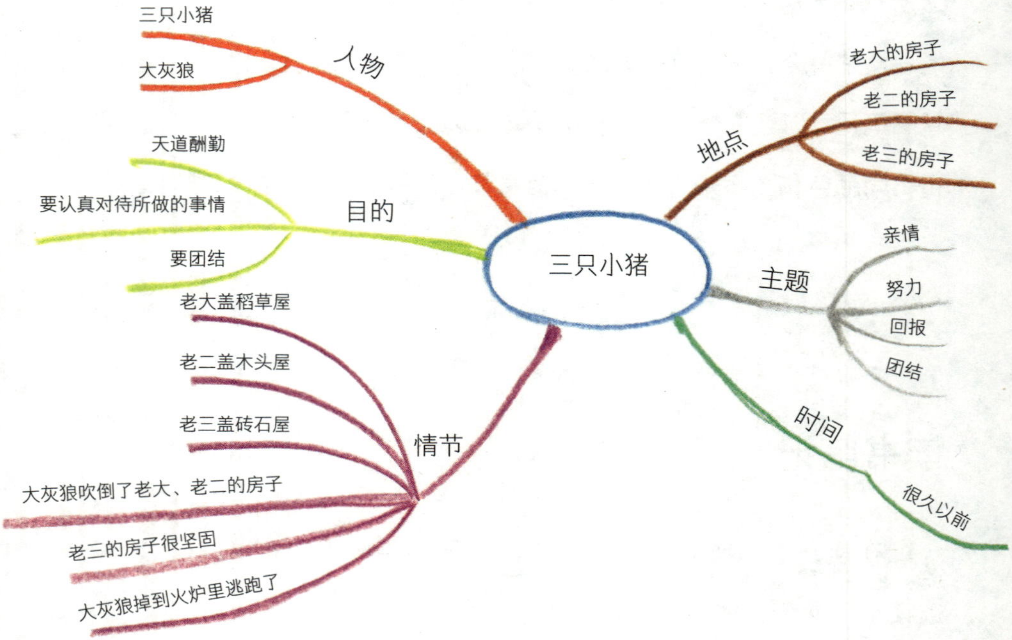

• 最后是复习阶段：可以重读一遍故事，查漏补缺，修改和充实心智图。

讲座笔记

听讲座时我们也可以用心智图做笔记。为了让思路更清晰，可以用模板来帮忙，把这些关键词添加到心智图中。例如，“六要素”（时间、地点、人物、事情的起因、经过、结果），“5W1H”（谁、做什么、为什么、在哪里、什么时候、怎么做），“KWL”（know，wonder，learn，你知道什么、你想知道什么、演讲后你学到了什么）等。

下面是记讲座笔记的一些方法：

• 快速描绘。使用符号、短语、图片来帮助你记录关键词。有时候你脑海中吸收的信息量太多，无法迅速记下，此时一些简单的符号、关键词、图片会起到总结的效果。

• 不要思考太多。演讲过程争分夺秒，此刻不用思考太多，先把分支安排到恰当的位置，可以稍后调整。

• 演讲结束后，查漏补缺，迅速把之前记录的符号、图片整理出来，免得遗忘。

脑力练习

读一本故事书，然后用心智图做读书笔记。

做演讲

有时候和国内的朋友交流，总会谈到一些演讲能力的问题——

“美国孩子怎么培养演讲能力？”

“怎么建立孩子的自信？”

“怎么让孩子在公共场合表达自己的观点？”

在美国小学，孩子们有很多机会上台演讲。没有人是天生的演讲家，每个孩子的演讲能力都是训练出来的。有的孩子初次上台非常羞涩，有的声音很小，有的甚至紧张得哭。没错，三年级的孩子中也有人在上台演讲前紧张得掉眼泪的。

为了培养学生的演讲能力，每年我都会布置好几个演讲题目，一年下来，我也欣慰地看到了他们的成长。

下面我分享一下训练小学生演讲能力的一些心得。

基本演讲要求

开学的时候，我布置了这个学期第一次演讲题目——《谈谈你暑假做了什么》。这个话题非常受欢迎，因为每个孩子都有分享的欲望。我让他们自由地选择想展示的物品，只要是关于他们暑期生活的，都可以带到班上来展示。

下面是演讲基本评分标准：

• 保持演讲的内容是围绕同一个话题的。有的孩子讲着讲着就会跑题，所以整个演讲内容保持在同一个主题上非常重要。

• 眼睛看着观众。有时候准备充分的孩子会带上演讲稿，但是就算我允许他们对着演讲稿来念，我也会要求他们时不时地抬头看一下观众，这是互动的方式之一。

• 大声说话。很多孩子上台都非常羞涩，声音小到只能自己听到，怎么办呢？我从美国同事那里学到了一招——老师与演讲的小朋友拉开一定的距离（例如站在教室/房间的后面），然后要求孩子演讲时，声音必须大到老师能听见。

• 身体站直。挺胸抬头，演讲才有气势。我会要求小朋友身体站直，这样才显得有精神。

进阶演讲要求

有的孩子会准备一张海报，这样可以用图片来展示演讲内容。比如，去海边旅行的孩子带来了海边捡到的贝壳。此时对演讲有了更高的要求。

• 演讲要有开头和结尾。经过不断训练，我的学生们都学会了演讲的开头：“大家好，我叫×××，今天我演讲的题目是……”以及演讲的结尾：“我的演讲到此结束，谢谢大家！”

• 精心制作的海报。例如我去年布置的一个演讲题目：《小小厨师》。要求小朋友去一个中国超市买菜并且记录下做饭的过程，最后在班上演讲。小朋友们带来的海报各具特色，演讲非常精彩。

• 回答观众的问题。这大概是小朋友最喜欢的部分了，每当一个小朋友演讲结束，我都给出观众的提问时间，这样也避免了中途打断孩子的演讲。听演讲的小朋友们会有五花八门的问题，演讲的小朋友也非常乐意回答。

演讲中的语言要求

我们对中高年级孩子的演讲能力自然是要求更高了。这时候不仅是演讲技能的要求，还有语言学习的要求。在美国小学最新的通用教纲（CCSS）中，对演讲（Speaking）是不同年级有不同要求的。以三年级的孩子为例，大纲明确要求：

- 语速均匀，要使用细节来支撑你的演讲内容。
- 用图片、视频等工具来展示你的演讲或者诗歌。
- 当你演讲的时候，要使用完整的句子。

这些标准看上去都是条条框框，但美国老师们都会把这些要求拆分成细节中，点点滴滴渗透在平时的演讲中，让孩子们从小培养好的演讲习惯。

用心智图讲故事

如果孩子要上台讲故事，首先需要准备一个合适的故事，然后把故事生动形象地表达出来，最好是能脱稿。

这时就考验孩子的能力了：

- 孩子能否记住这篇演讲稿的要点？
- 能否按照演讲的顺序来合理安排？

这时候我们可以用心智图来做演讲草稿。

比如，孩子要讲《小红帽》的故事，下面是他准备的演讲稿心智图：

•孩子首先要思考故事背景——这个故事发生在哪里？（森林里、外婆家）

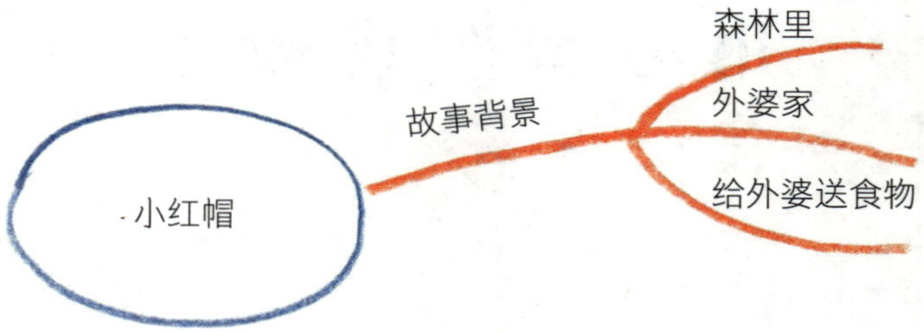

•让小朋友想一想这个故事是关于什么主题的？里面有一些什么人物？（小红帽、外婆、大灰狼、猎人、妈妈）

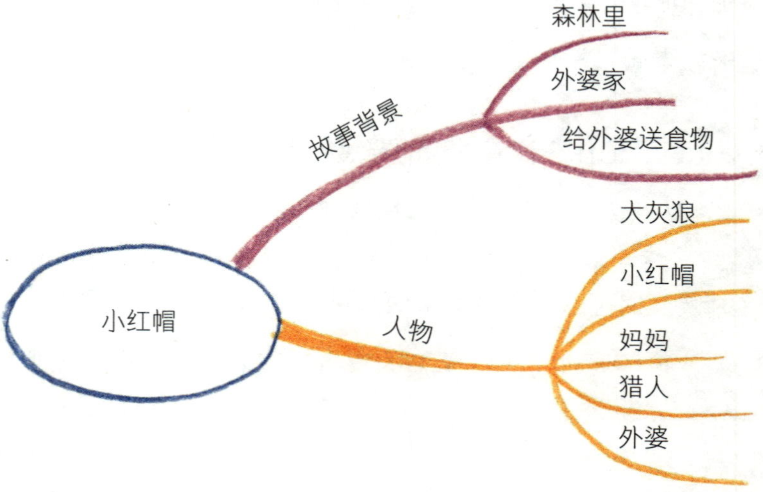

• 故事总是围绕一个问题或者矛盾展开，那么这个故事的矛盾点在哪里？（小红帽要给外婆送蛋糕，路上很危险，因为大灰狼想吃小红帽。）从矛盾点开始切入我们正式的故事。故事的开头是什么？（妈妈让小红帽送蛋糕给生病的外婆。）

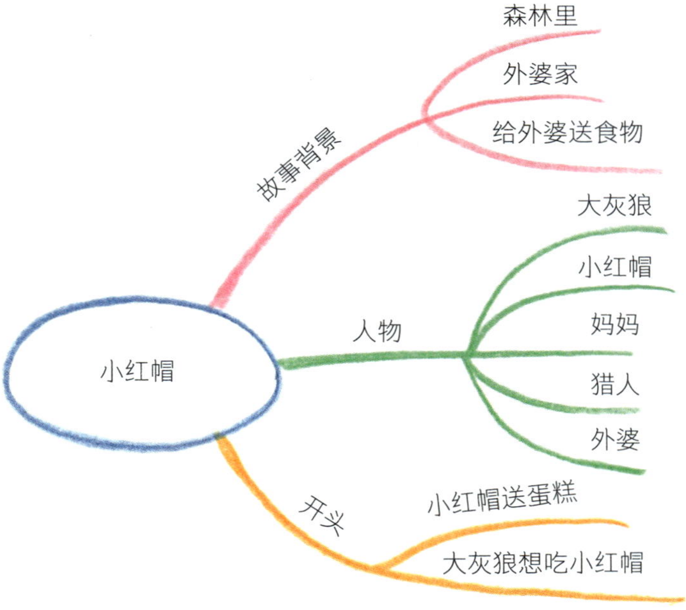

• 用细节描述这个故事，接下来发生什么了呢？（小红帽在森林里碰到大灰狼，大灰狼让小红帽摘花朵，然后自己跑到外婆家把外婆吃了。）

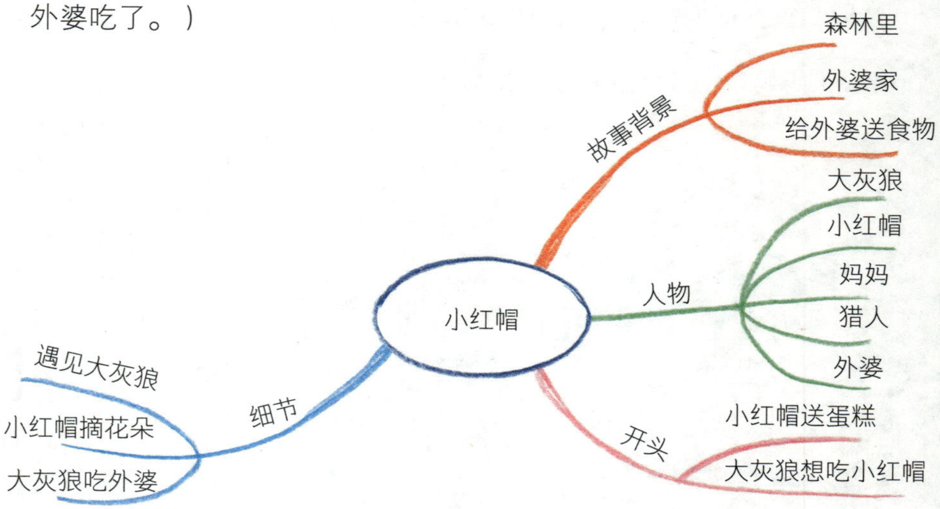

• 故事总是跌宕起伏，一句话说不完，可以继续描述故事的情节——然后发生什么了？（小红帽到了外婆家，也被大灰狼吃了。）

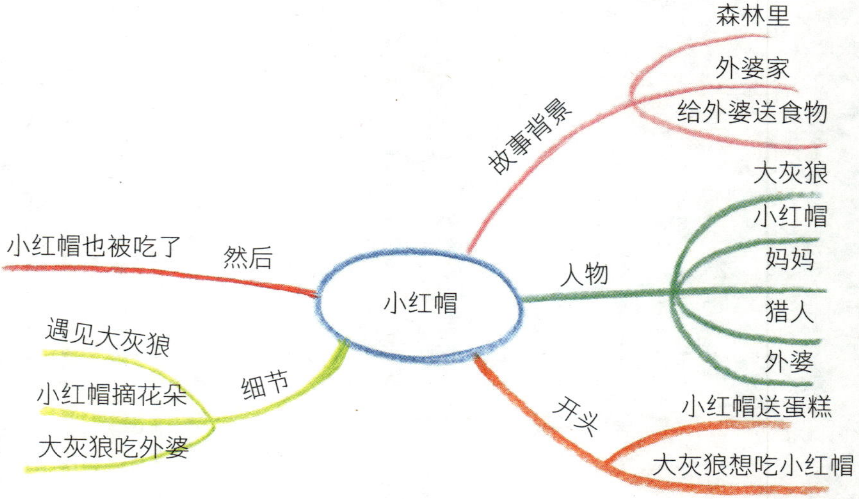

• 故事的结局往往是解决了矛盾，最后结局是什么样的呢？

（猎人出现并救了他们，小红帽和外婆都从大灰狼肚子里逃出来了。）

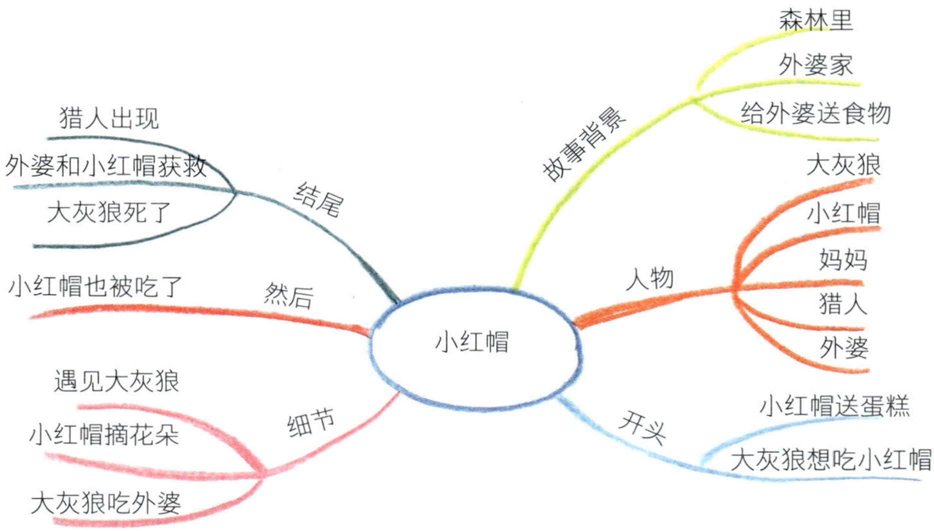

脑力练习

和孩子策划一个演讲活动，并且用心智图做演讲草稿。

养成成长性思维

我新接的班里有一个小女孩，她此前的老师给我打了预防针：“这个孩子不好教，情绪很不稳定……”相处一段时间以后，我发现这个孩子说得最多的就是：“I can’t do it! I don’t know anything!（我什么都做不了！）”

她说她做不了就真的什么也不做，结果，她常常浪费一天的时间，没有学到任何东西。为了帮助她改变想法，我开始有意识地陪着她做练习，当然一开始她免不了抱怨自己的能力，我就把大任务拆分成小任务，陪着她一起做，每做一次，我都鼓励她：“你看！你可以做到！”后来，当她再质疑自己能力的时候，我直接打断她的话：“不，你可以做到！我相信你可以做到！”

渐渐地，她上课时不再在教室里晃来晃去，学习态度和效率提高了很多，她的潜能也被激发出来——数学成绩一直名列前茅，原来她是一个非常聪明的孩子！她的妈妈十分感激我的帮助，每次看到我都要热情洋溢地过来打招呼："杨老师，你改变了她的生活！"

其实这不是我改变了她，而是她改变了自己的思维方式。

我想起几年前曾参加学区的教师培训，接触到了两个新词——成长性思维（Growth Mindset）和固定性思维（Fixed Mindset）。30多年前，斯坦福著名的心理学教授德韦克（Dr. Dweck）发现，思维可以改变人的一生。

在研究了成千上万个孩子的行为后，德韦克发现有的孩子容易被困难击倒，而有的孩子却坚信自己可以通过努力变得更聪明，因此他们会投入更多的时间和精力以取得更大的成就。

德韦克在TED上有一个演讲——"*The Power of Yet*"。我理解为"'还没有'的力量"。在演讲中，德韦克提到她从芝加哥一所中学得到的启示：在那所学校中，考试不及格的孩子不会被老师给出冷漠的评价（比如："不及格"或者"F"），而是"not yet"（还没有）。"不及格"与"还没有"就是两种完全不一样的思维方式。

得到"不及格"的孩子被判定为失败者，而"还没有"的孩子却是在学习的路上，只是尚未达到目标而已。这种方法极大地激发了孩子的学习动力，很多孩子的思维方式改变了——我不是失败者，我是一个尚未达到成功目标的努力者。

下面用心智图来表达两种不同思维模式带来的想法：

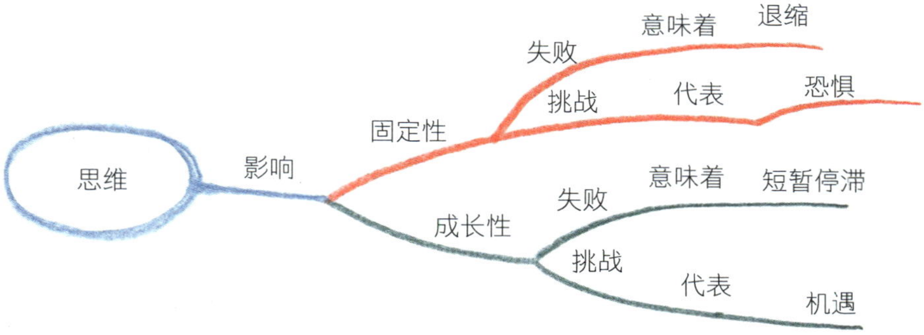

这个理论在美国小学也非常流行。在那次教师培训中，讲师给我们做了一个小测验来判断自己是哪种思维模式。下面我先介绍一下成长性思维的神奇力量到底是什么，最后再把这个测验分享给大家。

思维的类别

在德韦克的研究里，人的思维模式可以分为两种：

- 拥有固定性思维的人觉得人的智力和天赋都是与生俱来无法改变的，对于失败的结果，他们趋向于逃避；
- 拥有成长性思维的人觉得天赋只是人生的基本，会用积极的想法来面对生活的各种问题。

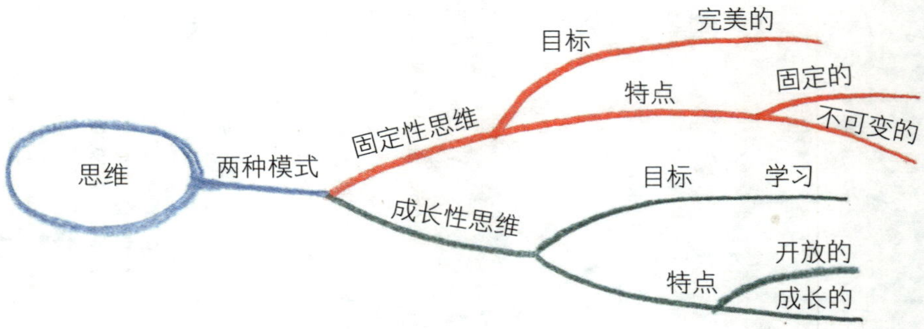

拥有固定性思维模式的人，想法常常是下面这样的：

- 这事我要么能做好，要么就做不好。
- 如果我失败了，那就说明我不够好。
- 我不喜欢被挑战。
- 我觉得别人的反馈是有意针对我个人的。
- 如果你成功了，我感到被威胁了。
- 如果一件事情很难办，那我就会放弃。
- 我的能力决定了一切。

拥有成长性思维模式的人，想法通常是下面这样的：

- 我可以学习任何我想学的内容。
- 我从自己的失败中吸取经验。
- 我想要挑战自己。

- 我觉得别人的反馈很有建设性意见。
- 我会从别人的成功中受到激励。
- 尽管有时候会受挫，但我会坚持。
- 我的努力和态度决定了一切。

>> 思维可以改变吗

说到这里，可能有些人会觉得很沮丧："我觉得自己是固定性思维，那我的人生是不是就会一直失败了？"

看，这又是固定性思维在作祟，如果能在心中坚定"我可以改变我的思维"，思维还真的是可以改变的。

研究显示，孩子们越大对自己获得成功的信心竟然越少。

有90%的一年级孩子相信他们的大脑和智力是可以改变的，然而当孩子们到了三年级，只剩下一半的人相信自己的大脑和智力可以改变。

也就是说，有40%的孩子在这两年时间里失去了对自己的信心。

家长们也不用担心，通过成年人的正确引导和干预，孩子的思维可以慢慢转变，从固定性思维慢慢转变为成长性思维。

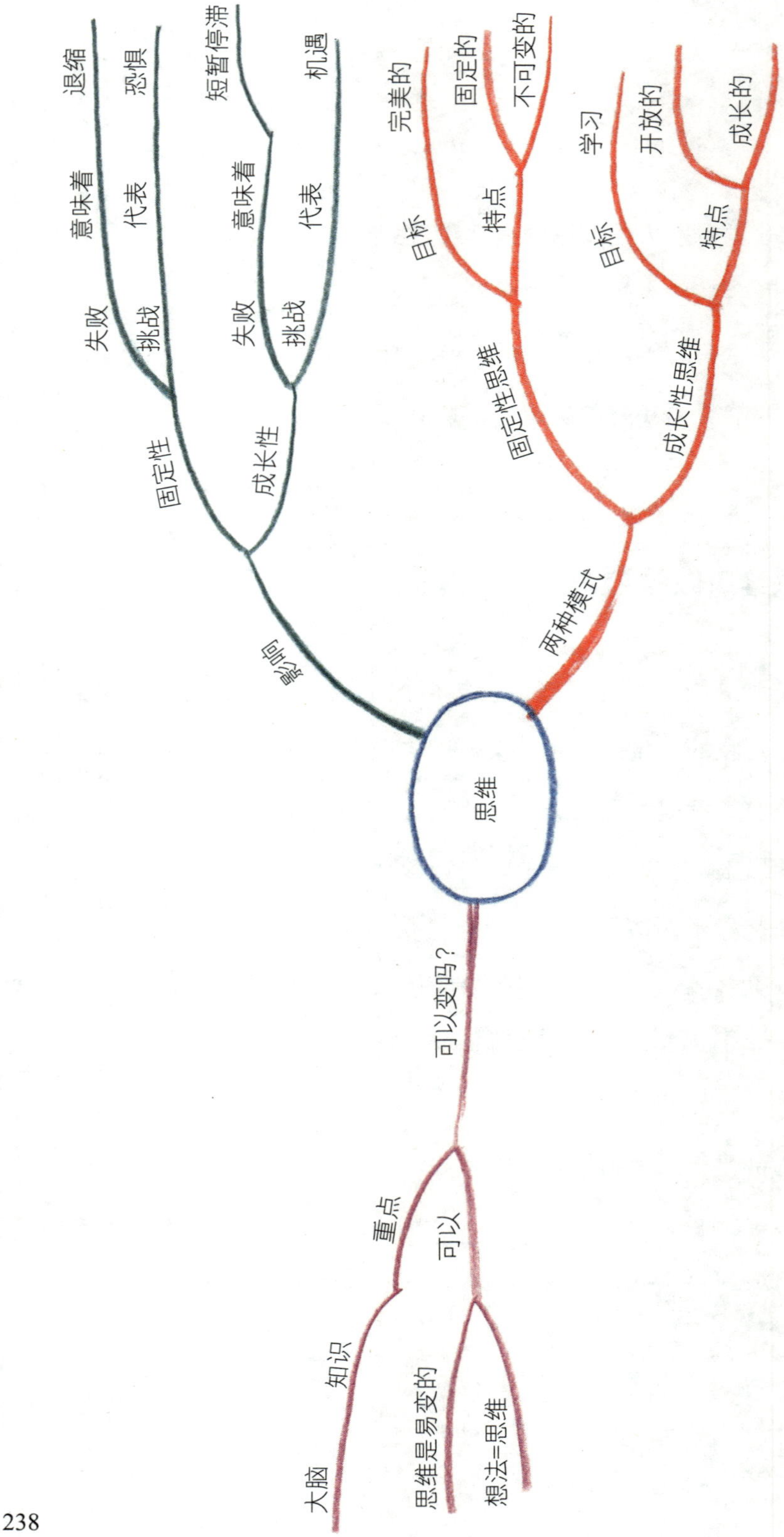
思维
影响
固定性
失败
意味着
退缩
挑战
代表
恐惧
成长性
失败
意味着
短暂停滞
挑战
代表
机遇
两种模式
固定性思维
目标
完美的
特点
固定的
不可变的
成长性思维
目标
学习
特点
开放的
成长的
可以变吗？
重点
知识
大脑
可以
思维是易变的
想法=思维

那么如何引导孩子培养成长性思维呢？这里有几个小方法：

塑造孩子学习型大脑。我们除了可以教孩子学习数学、英文、艺术、体育等，还可以塑造出孩子的学习型大脑，因为大脑是有可塑性的。

大脑的构造和神经之间的联系可以通过经验、学习和记忆来改变。我们把它叫作“神经可塑性”（Neuroplasticity）。

我们可以给孩子坚定信念：只要努力，每个人都可以重新塑造自己的大脑。

每一个错误都非常精彩。这难道还要鼓励孩子犯错吗？我不是鼓励犯错，而是告诉孩子——失败是成功之母。每一个错误都会让我们离胜利更近一步。

试想一下我们神奇的大脑，它会自动总结和记录哪些是正确的路，哪些是错误的路，这样犯过错以后就会更清晰地往正确之路发展了。

积极的自我暗示。教会孩子积极暗示，让自言自语也成为一个隐性的小帮手。将一些写有励志口号的小海报挂在孩子随时能看到的地方，加深印象，并经常跟孩子一起读。此外，要鼓励孩子勇于尝试。

与孩子不断沟通。平时与孩子交流沟通的时候，也要注意提问的方法和方式。家长们不妨试试下面一些问题，并且不断地引导孩子往积极的方面去想：

- 你今天在学校做了什么来激发自己的思考?
- 今天你有什么事情激励自己不断努力吗?
- 你可以从中学到什么?
- 这些错误教会了你什么?
- 你今天是不是很努力?
- 你现在在尝试什么新办法解决问题呢?
- 你今天想要挑战什么呢?
- 你觉得可以怎样改进自己的学习?
- 你觉得可以怎样提高自己的才能?
- 你如何来解决这个问题呢?

>> 你是哪种思维

讲到这里，大家肯定很好奇自己是哪种思维了吧？下面这个小测验就是我参加培训时学来的，大家可以带领孩子一起来做这个小测验：

第一步：判断对错

（1）我不能改变我的智商。

（2）当我不能理解某一个问题时，我会慢慢静下心去想。

（3）我害怕学术上的挑战。

（4）别人告诉我：我很聪明。

（5）学习很有意思。

（6）我没有动力去学习。

（7）当我某一个学科没有学好的时候，我觉得自己肯定学不好它。

（8）当我考试没考好的时候，我并不沮丧。

（9）当我不了解一个东西的时候，我觉得很沮丧，想放弃。

（10）对于我很擅长的科目，我不需要那么努力学习。

第二步：评分

1、3、4、6、7、9、10题：如果是“错”，加1分。如果是“对”，减1分。

2、5、8题：如果是“对”，加1分。如果是“错”，减1分。

第三步：结果

- 9 ~ 10 分：典型的成长性思维。
- 6 ~ 8 分：成长性思维加上一些固定性思维。
- 3 ~ 5 分：固定性思维加上一些成长性思维。
- 0 ~ 2 分：固定性思维。

你和孩子是哪种思维呢？测出来是固定性思维的朋友也不要灰心——从现在开始，努力让自己转换为成长性思维吧！

附录：参考答案

1.正文第53页答案

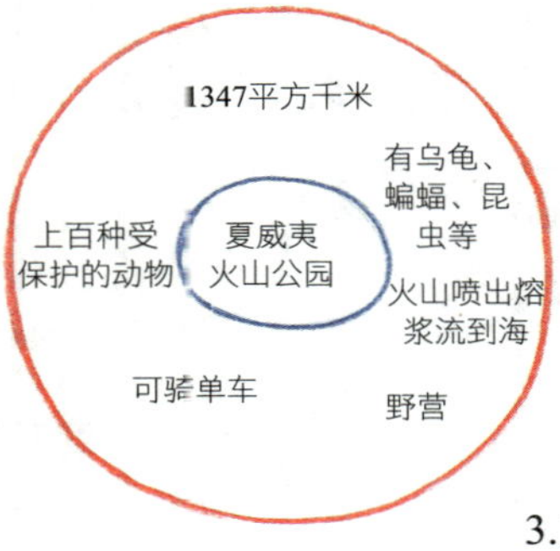

2.正文第56页答案

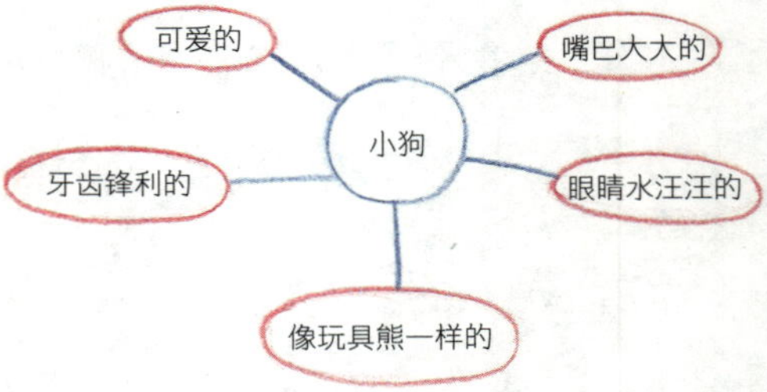

3.正文第59页答案

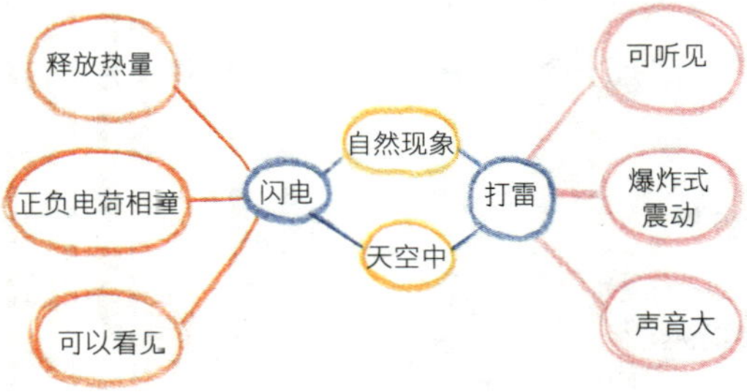

4.正文第63页答案

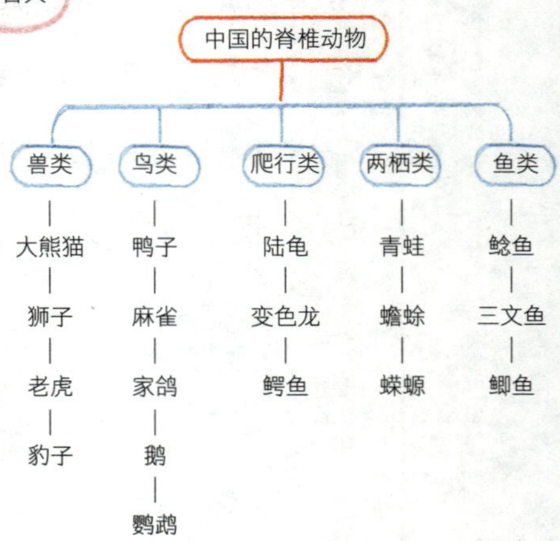

5.正文第66页答案

植物
- 根 固定植物，吸入水分和矿物质
- 茎 支撑叶和花，传输养料
- 叶 光合作用，制造养料

6.正文第71页答案

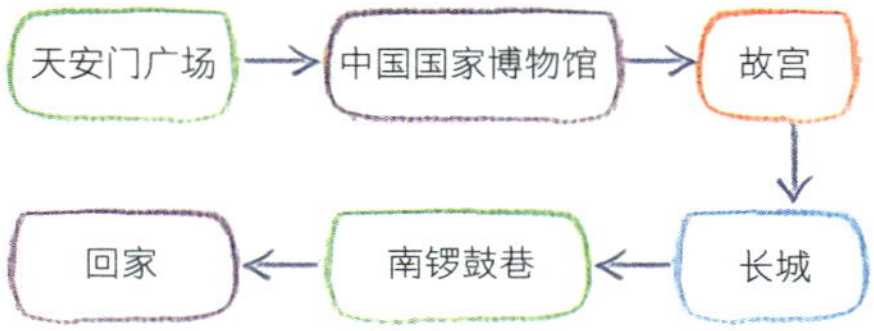

7.正文第73页答案

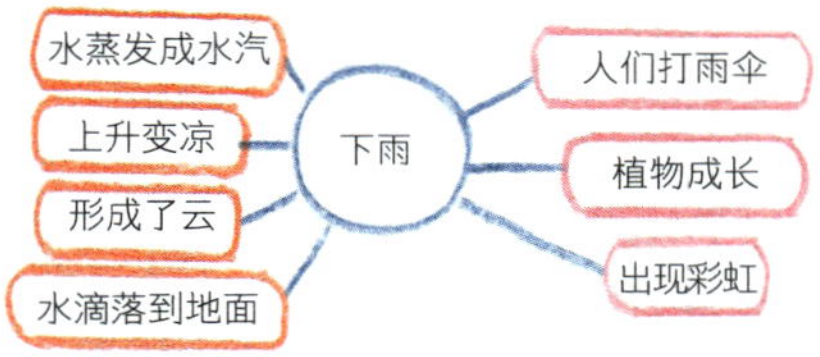

8.正文第75页答案

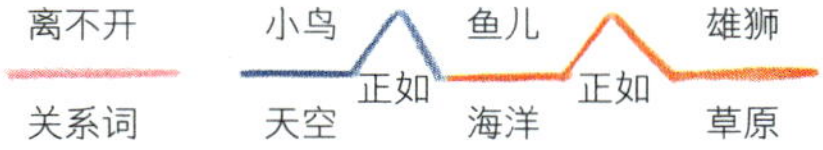

10.正文第83页答案

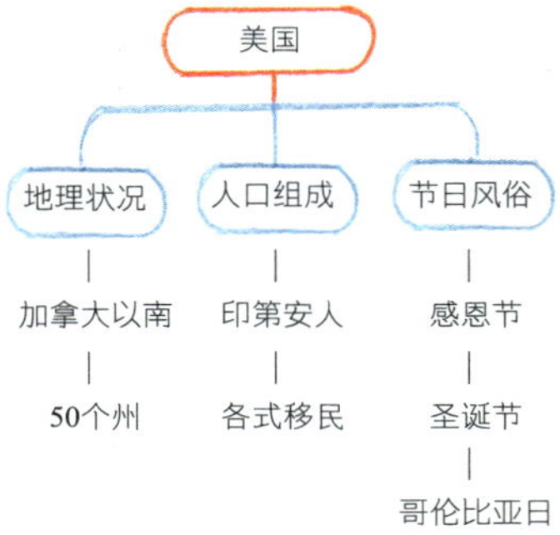

9.正文第81页答案

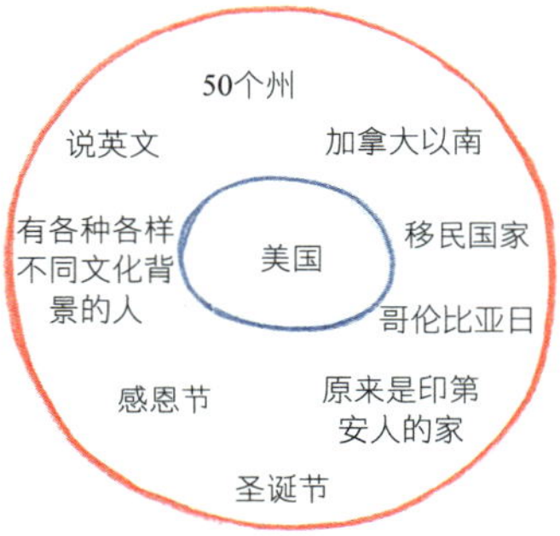

11.正文第85页答案

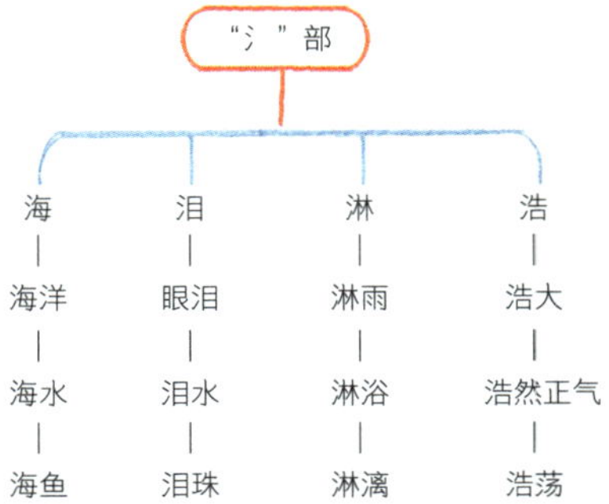

12.正文第87页答案

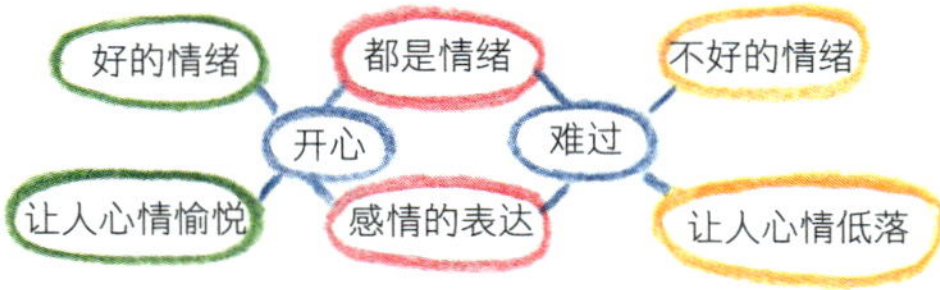

13.正文第90页答案

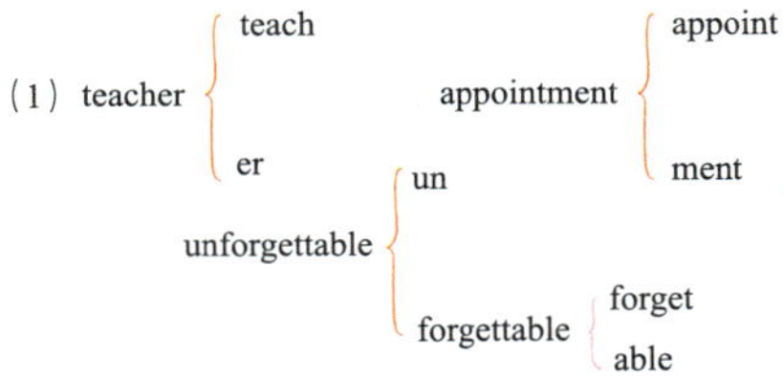

(2)

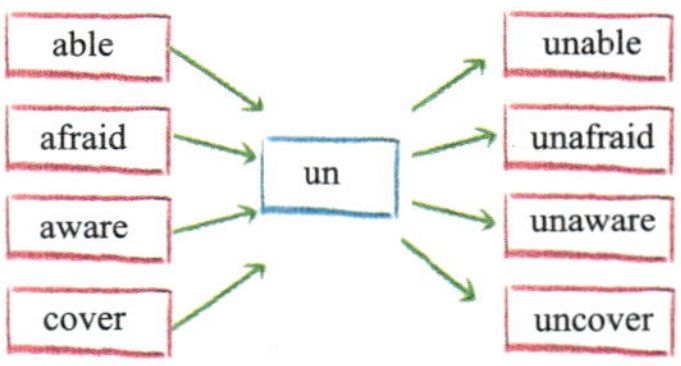

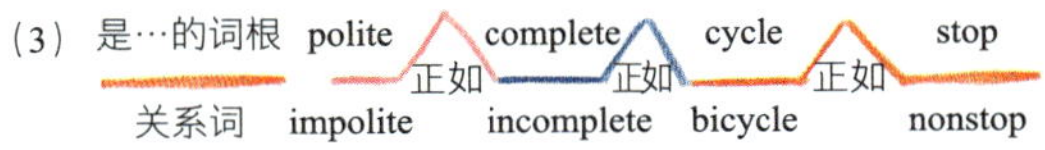

14.正文第92页答案

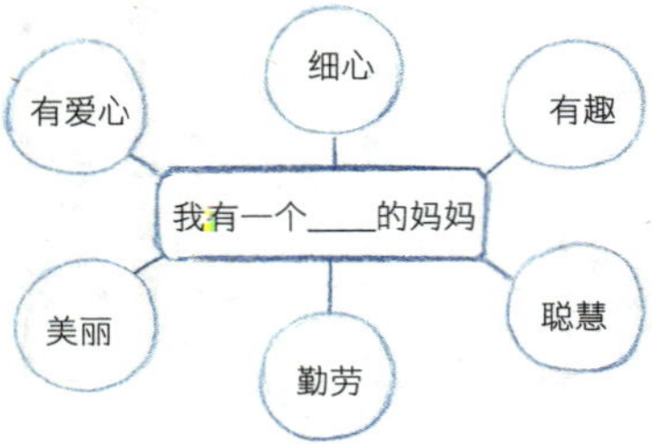

15.正文第94页答案

16.正文第96页答案

17.正文第100页答案

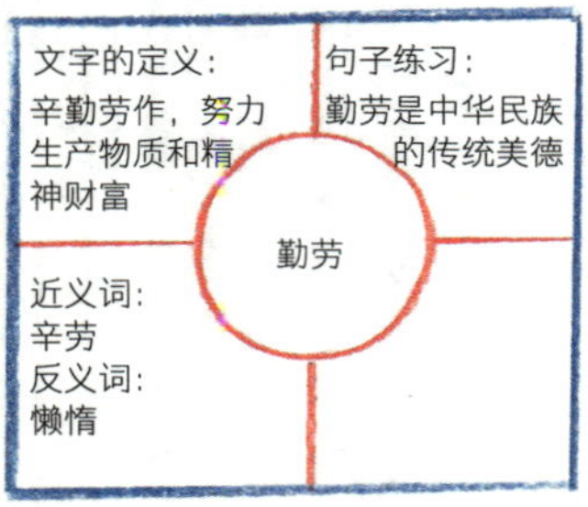

18.正文第101页答案

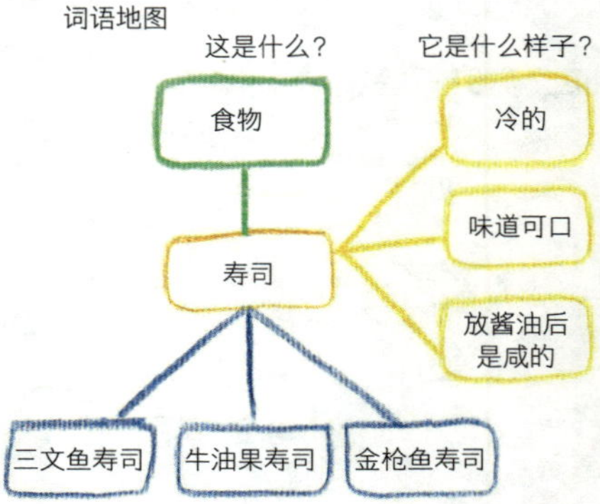

19.正文第153页答案

20.正文第155页答案

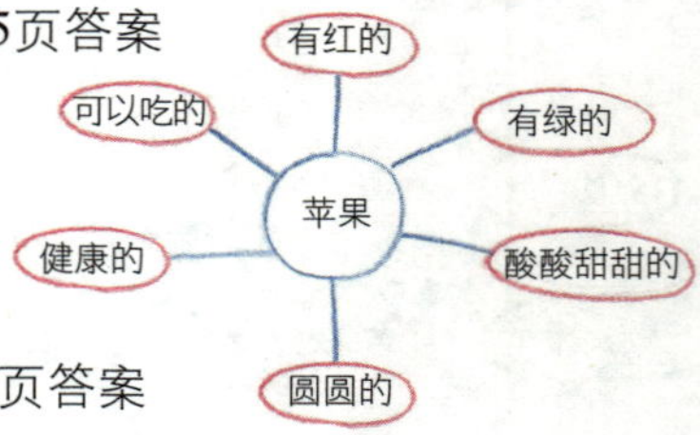

21.正文第157页答案

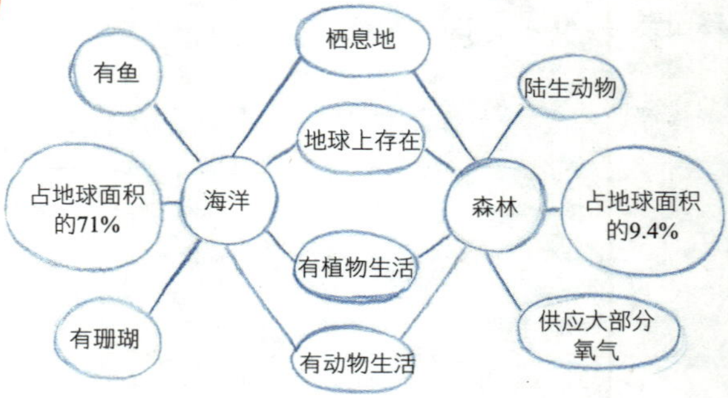

22.正文第160页答案

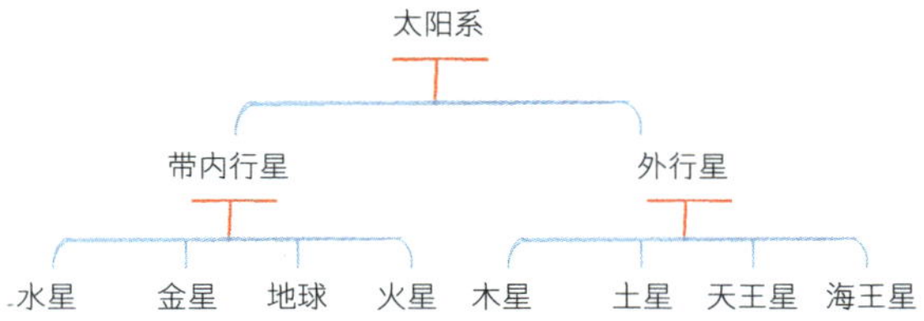

23.正文第166页答案

24.正文第170页答案

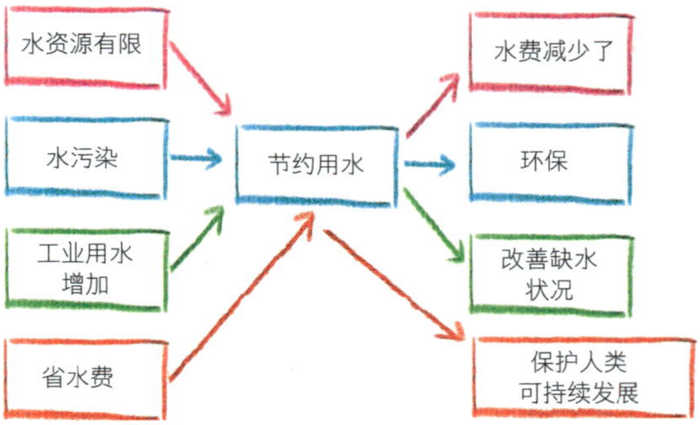

25.正文第173页答案

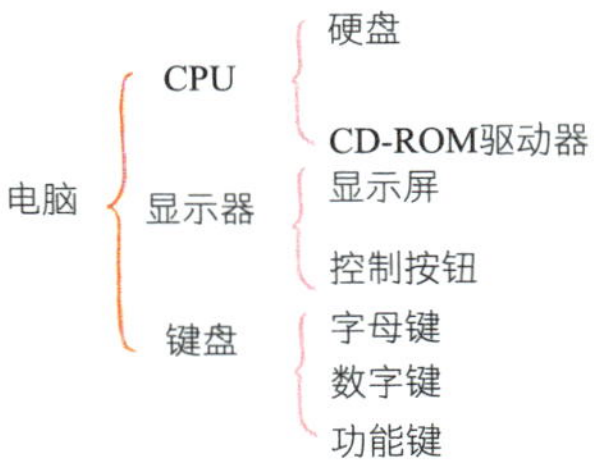

26.正文第175页答案

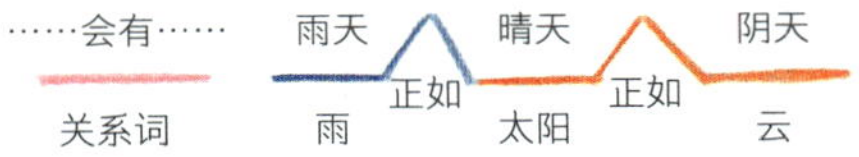

27.正文第181页答案

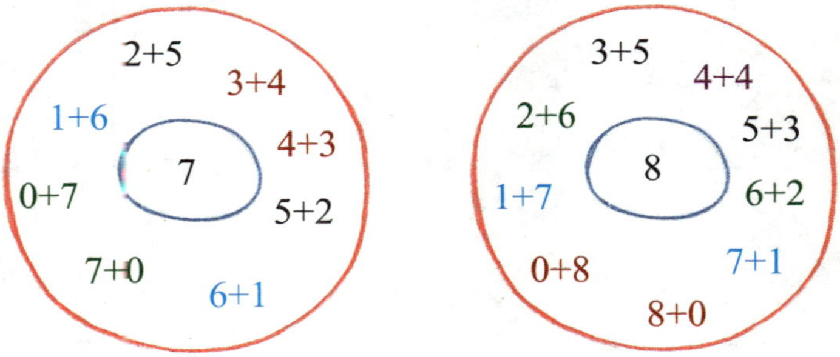

28.正文第187页答案

（1）

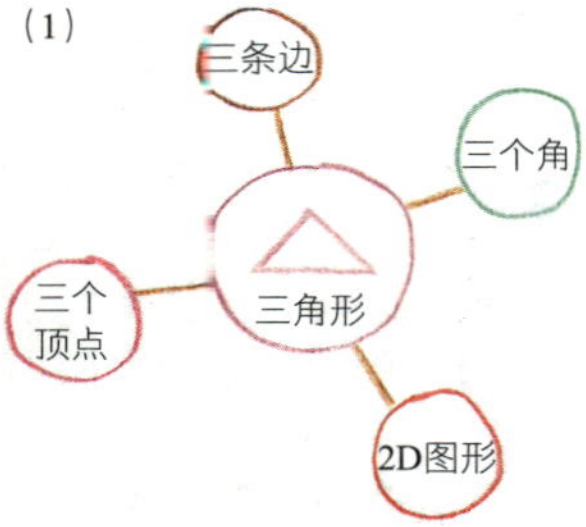

（2）

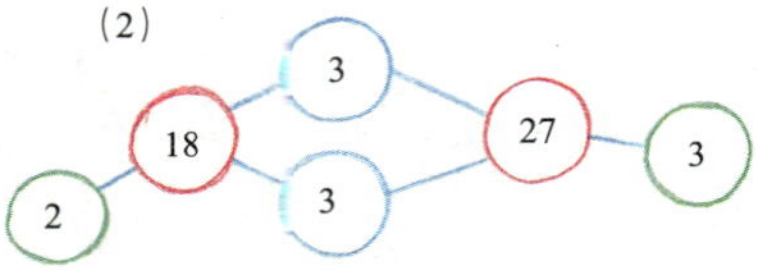

3×3=9，9就是18和27的最大公约数。

29.正文第192页答案

（1）

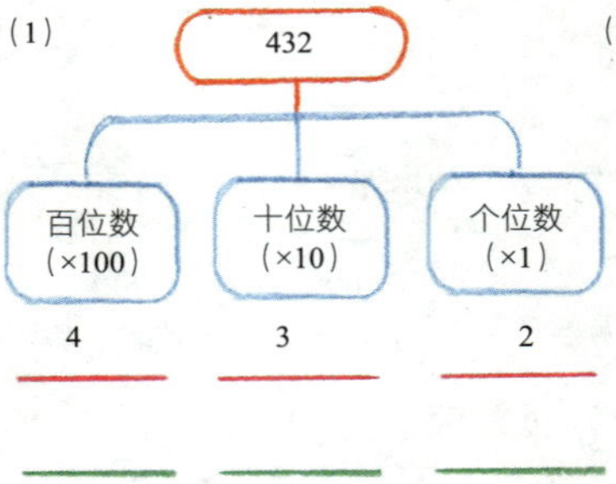

（2）

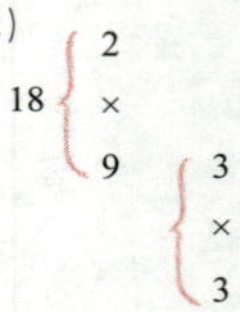

填空：432=4×100+3×10+2×1

30.正文第196页答案

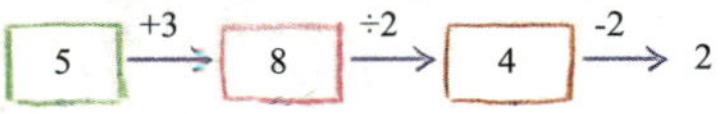

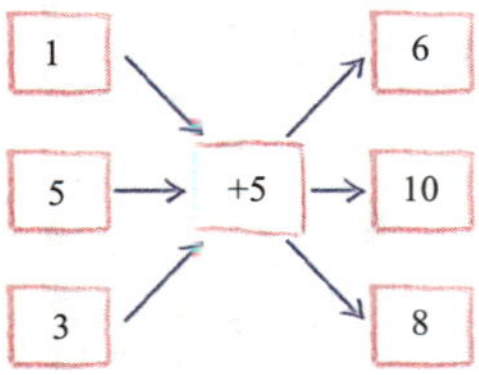

31.正文第199页答案

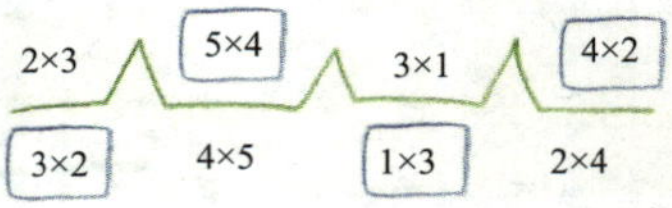

32.正文第207页答案（略）

33.正文第214页答案（略）

34.正文第218页答案（略）

35.正文第222页答案（略）

36.正文第232页答案（略）